IBMを強くした「アナリティクス」
ビッグデータ31の実践例

著：Brenda L. Dietrich・Emily C. Plachy・Maureen F. Norton
訳：山田 敦、島田 真由巳、米沢 隆、前田 英志、高木 將人、岡部 武、池上 美和子

日経BP社

Authorized translation from the English language edition, entitled ANALYTICS ACROSS THE ENTERPRISE: HOW IBM REALIZES BUSINESS VALUE FROM BIG DATA AND ANALYTICS, 1st Edition, ISBN: 0133833038 by DIETRICH, BRENDA L.; PLACHY, EMILY C.; NORTON, MAUREEN F., published by Pearson Education, Inc, publishing as IBM Press, Copyright © 2014 by International Business Machines Corporation.

All rights reserved. No part of this book may be reproduced or transmitted in any form or by any means, electronic or mechanical, including photocopying, recording or by any information storage retrieval system, without permission from Pearson Education, Inc.

JAPANESE language edition published by NIKKEI BUSINESS PUBLICATIONS, INC., Copyright © 2014 by International Business Machines Corporation.

JAPANESE translation rights arranged with PEARSON EDUCATION, INC. through JAPAN UNI AGENCY, INC., TOKYO JAPAN

訳者前書き

　この本は、IBM 自身が行ってきたアナリティクスによる業務変革を記した物語である。営業、サプライチェーン、経理財務、人事など 9 つの業務領域それぞれで効果を上げてきた 31 個の事例について語っている。IBM は過去 10 年間、アナリティクスの力を熱烈に支持し、これらの成果を上げてきた。本書でそれらを一挙に公開する。これらは IBM がこれまで歩んできた現実の物語だ。

　第 1 章でアナリティクスの基本的な考えを紹介している。大切なポイントは、アナリティクスは単なるテクノロジーではなくビジネスのやり方そのものであることだ。アナリティクスは、人間の判断力に取って代わるものではなく、むしろ意思決定プロセスで検討すべき新しい洞察を与えてくれる。第 2 章から第 10 章は業務領域ごとに構成され、合計で 31 個の事例を紹介している。各章の最初にある「取り組みの方向性」の節で、改革前の状況、改革に向けたリーダーの着想などを述べた後、それぞれの事例について「ビジネス課題」と「成果」を述べている。各事例では、単にアナリティクスの技術や数学についてではなく、苦しかった状況は何だったのか、掲げた大きな目標は何か、その達成に向けてどういうプロジェクトチームを組んだのか、エグゼクティブがどのようにリーダーシップを発揮したのか、最初は抵抗する現場とどう成功への道を歩んだのか、などについて語っている。そして各章の最後で、改革を通して学んだ「教訓」についてまとめている。現実の改革を進めた者が語るこれらの教訓は読者にとって興味深いはずだ。最後の第 11 章では、これまでの歩みの振り返りと未来について述べている。各業務領域での改革は終わったわけではなく、現在もさらなる発展を続けている。その発展は、過去の教訓から学び、部門間

訳者まえがき

で情報を共有し、新しい技術を取り込むことで加速している。

第1章を読んだ後、皆様が関心を持つ業務領域の章（例えばサプライチェーンの3章）を読んでみるのも一つの読み方だ。しかしそれ以外の章も読んでみると、例えばリーダーが果たした役割など、関心業務以外の側面で新しい気付きが得られるだろう。

自社の競争優位性を高めるためにアナリティクスが効くと世間で言われているが本当なのかと思われている企業のリーダーの皆様、もしくはアナリティクスを活用したいがどう進めればよいのかを悩まれている企業のリーダーの皆様に、本書の一読をお薦めしたい。本書が、皆様にヒントを与え、皆様が一歩前に踏み出すきっかけになると信じている。

本書の翻訳は、日本アイ・ビー・エム株式会社 グローバル・ビジネス・サービス事業本部（GBS）ストラテジー＆アナリティクス（S&A）に所属する有志で行った。最後に、本書の出版に積極的に賛同し後押ししてくださったS&Aリーダーの池田和明氏、翻訳活動をご支援いただいたS&Aの各ドメインリーダーの石田英理氏、松尾美枝氏、寺門正人氏、大池一弥氏、出版に至るまでの社内外との各種合意形成に奔走いただいたGBSマーケティングの池田孝子氏、翻訳の指針に多くのご意見をいただいた日経BP社の松山貴之氏に感謝の意を表したい。

訳者を代表して　2014年8月　山田　敦

はじめに

　多くのお客様と同様、IBM 自身も「スマーターエンタープライズ」になることに重点を置いている。人々がつながり、プロセスが統合され、データが機器で扱われるようになることで、「スマート」になるための基盤が形成される。スマーターエンタープライズは、他社とは一線を画した意思決定、価値創造、価値提供を可能にするが、その実現はアナリティクスの創造的な適用から始まる。

　変革についてお客様と話をする際、IBM はアナリティクスにどのように取り組んできたのか問われることが多い。我が社はどこから手を付けるべきか、IBM 社内ではどのようにしているのか、自社の経験からどのようなアドバイスがあるか、といったことである。

　お客様からのこうした質問に答えるために、IBM 社内のアナリティクス専門家が共同で執筆したのが本書である。IBM は過去数年にわたり、優れた人材の採用、ソフトウエアの開発、自社ポートフォリオを補強するアナリティクスツール企業の買収を行うことで、精力的にアナリティクスの能力を強化してきた。IBM 自身、財務やマーケティングの管理から、サプライチェーンの最適化、そして人材の採用、維持、開発に至る、事業全体に対して新しいテクノロジーを導入してきたパイオニアである。この経験を通して、お客様の組織のあらゆる側面において、ビジネス活動にアナリティクスを組み込めば、より多くの情報に基づいた、よりスマートな意思決定を行えることが分かってきた。

　お客様が、最新の天然資源といえるビッグデータの力を活用して競争優位を確立する上で、当社の経験が適切かつ有用であることを願っている。先進的な

はじめに

　リーダーは、財務から農業まで、あるいは大統領選の駆け引きからプロスポーツに至るまで、ビッグデータを最前線で活用する。それは単なるデータでなく、データを分析することで得られた洞察であり、組織に競争上の強みを与える。
　お客様にいつも語っている通り、変革は容易なことではない。継続的な取り組みと組織トップのリーダーシップが必要とされる。しかし長年にわたる改革から私が学んだことは、とにかく迅速に行動することが最も大切だということだ。それこそが、今日のたゆまぬ変化の中で一歩先を行くための唯一の方法なのだ。
　この原則は、次なる変革の波の中核であるアナリティクスの導入においても同様である。データが完璧なものになるまで待っていてはいけない。この道のりの第一歩を踏み出すのは今なのだ。そして読者の皆様が、データから隠れた価値やパワーを引き出す際に得られるメリットをさらに大きなものにするために、IBMでの我々自身の経験が役立つことを願っている。

Linda Sanford
IBM Senior Vice President, Enterprise Transformation

序文

　本書が生まれたきっかけは、アナリティクスの専門家による良書が多数出版されている中で、IBM 社内にもアナリティクスの導入によってビジネス課題を解決してきた豊富な経験を誇る専門家がいることに Doug Dow（Vice President, Business Analytics Transformation）が気付いたことである。Dow は、オペレーションズリサーチとアナリティクスの権威で IBM Fellow である Brenda Dietrich に話を持ちかけた。Dietrich はこの案を受け入れたが、単独での執筆を約束するのは気が進まなかった。その後、Dow が Business Analytics Transformation 部門の同僚である Emily Plachy と Maureen Norton にも声をかけたところ、2 人は IBM の物語を語るという機会に積極的な姿勢を見せた。本書執筆のもう一つの動機は、IBM がアナリティクスを活用してどのようにビジネス成果を向上させてきたかを知りたい、というお客様の要望を Dow が何度も受けてきたことだ。IBM の事例が人々の関心を集めるであろうことは分かっていた。

　アナリティクスをテーマにした本書の執筆に取り掛かるにあたり、我々は、アナリティクスの価値を大げさに言い立てる文書が出回っている昨今の状況を考えた。どうしたら、網を投げて魚を取る気になってもらえるか。国際的な巨大船が抱える課題と勝利について書かれた本が、他者が読んで役立つ洞察や教訓を提供できるのだろうか。少なくとも読んで面白いものになるだろうか。考えた後至った結論は、我々の物語は語られるべきであるということだった。フォーチュン 500 企業の C レベル（最高責任者）のエグゼクティブ、小規模企業のオーナー、MBA 課程の学生や教授は、物語の中に自分自身の姿や課題を見いだすはずであり、本書を執筆するべきであると我々は考えたのである。アナリティクスが、テクノロジー以上のもので、ビジネスを行うスマートな方法であるという、幅広い考え方を読者に紹介することは、本書の執筆という航海を始めるのに十分な動機であった。

　本書の企画に着手したとき、本の構成は業務機能に基づいたものにすること

を決めた。そこで、業務機能の中で価値を発揮しているアナリティクスのプロジェクトは何かを特定していった。次いで、プロジェクトの主要メンバーにインタビューを実施した。そして、執筆チームの中から各章を担当する主執筆者を募った。

我々は本書を書き進めるにあたり、執筆者同士のやり取りにIBMのコラボレーションソフトウエアであるIBM Connectionsを多用し、章ごとにConnectionsアクティビティーを作成した。原稿レビューの過程では、Connectionsフォルダーおよびファイルを追加したが、これは各章の数多くのレビューやバージョンを把握する上で大変役立った。3人の著者がそれぞれ離れた場所で執筆するには、効率的なコラボレーションが欠かせない。

執筆を進めていく中で、我々の会話の端々に、「すべての道は本書に通ず」という言葉が登場するようになった。本書は我々の仕事の中で重要な位置を占めるようになり、日常業務のあらゆる側面における糧となって、それらを豊かなものにしていった。そして執筆で得た洞察を業務における洞察や結果の向上に活用し、同じ課題に取り組んでいるチーム同士をつなぎ、他の変革チームが自分たちの物語を語るのを助けることができた。

本書におけるもう一つのやりがいのある側面は、本書を現在そして将来のビジネスリーダーにとって有用なものにしたかったということである。そのため、学生や教授に読んでもらうことも優先にした。本書を執筆中、著者であるMaureenとEmilyは、優れたMBAプログラムを実施している欧州のHEC経営大学院で3日間の革新的なパイロットワークショップを実施した。IBM営業部門における欧州官公庁産業のテクニカルリーダーであるHammou Messatfa博士の協力をえることで、ビッグデータとアナリティクスに関するこのワークショップは成功を収めた。この成功はアナリティクスについてのさらなる教育の取り組みにつながり、本書の編集が大詰めを迎えた頃、Maureenは中東でMBAの学生を対象に、ビッグデータとアナリティクスのワークショップの講師を担当する機会を得た。

本書掲載のカラー画像のPDFは、本書に関する以下のウェブサイトで「Downloads」タブをクリックしてダウンロードできる。
www.ibmpressbooks.com/title/9780133833034

目次

訳者前書き ……………………………………………………………… 3

はじめに ………………………………………………………………… 5

序文 ……………………………………………………………………… 7

第1章　ビッグデータとアナリティクスに注目する理由 …………… 13
 IBMが全社的規模でアナリティクス活用に乗り出した理由
 ビッグデータとアナリティクスを解明する
 アナリティクスが重要である理由
 ガバナンス
 実績あるアプローチ
 進捗の評価
 9つの道のりの概要
 明らかになってきたテーマ
 本書の活用法

第2章　スマーターワークフォースの創出 …………………………… 33
 取り組みの方向性：アナリティクスをワークフォースに適用する
 ビジネス課題：成長市場において高価値な人材の定着を図る
 ビジネス課題：社員の考えを正しく把握する
 教訓

第3章　サプライチェーンの最適化 …………………………………… 45
 取り組みの方向性：アナリティクスをサプライチェーンに適用する

ビジネス課題：品質問題を早期に検出する
ビジネス課題：需要と供給の可視化とチャネル在庫管理の改善を提供する
ビジネス課題：売掛金管理プロセスおよび回収者の生産性の向上を図る
ビジネス課題：サプライチェーンの混乱を予測する
教訓

第4章 会計アナリティクスによる将来の予測 ……………………………… 65

取り組みの方向性：経理財務部門の価値を高めるビッグデータとアナリティクス
ビジネス課題：業務効率化、リスク管理および情報に基づく意思決定
ビジネス課題：リスクと報酬のバランス
ビジネス課題：買収戦略の検証
IBM 経理財務部門の次なるステップ
教訓

第5章 IT によるアナリティクスの実現 ……………………………… 83

取り組みの方向性：IT を用いて、企業全体でビッグデータとアナリティクスを実現
ビジネス課題：サーバーの改修時期を決める
ビジネス課題：セキュリティインシデントの検知
スマーターエンタープライズへの変革の実現
教訓

第6章 顧客へのアプローチ ……………………………… 97

取り組みの方向性：顧客へのアプローチと関係性強化に向けたアナリティクスの利用
ビジネス課題：特別な顧客経験を提供するためのデータ基盤とアナリティクス能力の構築
ビジネス課題：マーケティング活動の効果のリアルタイム評価（パフォーマンス管理）
ビジネス課題：マーケティング施策と成果の因果関係の検証
ビジネス課題：IBM のデジタル戦略に影響を与える洞察をツイートから獲得
教訓

第7章 測定不可能なものを測定 ……………………………… 117

取り組みの方向性：ソフトウエア開発組織における高度なスキルを持つ人財の最適化

ビジネス課題：意思決定を可能にする開発費用の共通の見方を定義する
　　　教訓

第8章　製造の最適化 ………………………………………………… 129
　　　取り組みの方向性：製造と製品管理に対するアナリティクスの採用
　　　ビジネス課題：半導体製造工場における複雑な製造工程のスケジューリング
　　　ビジネス課題：半導体製造における歩留まり向上
　　　ビジネス課題：異常なイベントを検出する時間の短縮
　　　ビジネス課題：ハードウエア製品ポートフォリオの簡素化
　　　教訓

第9章　セールスのパフォーマンス向上 ……………………………… 143
　　　取り組みの方向性：アナリティクスによるセールスパフォーマンスの最適化
　　　ビジネス課題：収益最大化に向けた営業担当者の最適配置
　　　ビジネス課題：テリトリー設計の最適化
　　　ビジネス課題：顧客への営業投資配分の最適化
　　　オンラインコマース
　　　ビジネス課題：企業横断での効率化の実現
　　　教訓

第10章　卓越したサービスの提供 …………………………………… 163
　　　取り組みの方向性：サービスビジネスにおけるアナリティクスの活用
　　　ビジネス課題：新たなビジネス開発（重要見込み案件の把握）
　　　ビジネス課題：契約リスクの予測
　　　ビジネス課題：社員の生産性向上
　　　ビジネス課題：早期に問題を把握できる体制の確立（プロジェクト採算の予測）
　　　教訓

第11章　これまでの歩みと未来への展望 …………………………… 177
　　　道のりは続く
　　　これまでのアナリティクス
　　　アナリティクスの未来

目次

付録 ……………………………………………………………… 193

参考文献 ………………………………………………………… 203

謝辞 ……………………………………………………………… 217

執筆者について ………………………………………………… 219

訳者紹介 ………………………………………………………… 222

本書の内容には十分な注意を払っていますが、本書で記述している方法や考え方は、筆者・訳者・出版社が品質などを保証するものではありません。
本書に記載している製品名は各社の商標および登録名です。本書では、©、®、™ などは省略しています。

第1章

ビッグデータと
アナリティクスに注目する理由

> 「競争力が極めて高い組織は、起こっている事態を観察している間にも、その意味を即座に理解し、それに対処できる」
>
> Jeff Jonas, IBM Fellow and Chief Scientist, Context Computing, IBM Corporation

　これは、設立から1世紀以上が経つ、1990年代を生き残るのは無理だろうと一度は噂された企業が、いかにして生き残り方と変革を学んだかという物語である。このIBMの物語では、アナリティクスを活用してビジネスの意思決定プロセスに科学を持ち込んだことが鍵となる。

　本書で初めて、「アナリティクス」がIBM全社でどのように活用されているかの内幕が語られる。Ginni Rometty (Chairman, President, 兼 Chief Executive Officer) は、「アナリティクスが、我々の将来の行動すべてを磨き上げる」と語る。

　アナリティクスとは何か。簡単に定義するなら、それはデータから新しい洞察を導くための数学的あるいは科学的な手法のことだ。ネットワークで接続された1兆個近くのモノや機器が1日におよそ25億ギガバイトの新しいデータを生み出す中で[1]、アナリティクスはデータに潜む洞察を発見する手助けをする。

　発見した洞察は、行動や意思決定の際に使われ、競争優位性を生み出す。この競争優位性を生むデータは世界の新しい天然資源になりつつあり、これをどう利用するかを学べば、形勢を一変できるのだ。

　本書は、成果を得るための賢明な方法として、アナリティクスをどう活用す

るかを決めるための一助となるだろう。アナリティクスから最大限の価値を引き出すには、現在の戦略の中で最も重要なビジネス課題に対し、アナリティクスを適用することだ。アナリティクスを単なるテクノロジーだと思っているなら、本書を読むことでその認識が変わるだろう。

アナリティクスは単なるテクノロジーではなく、ビジネスのやり方そのものだ。アナリティクスを活用してデータから得た洞察は、今日多くの意思決定で使われている直感を補ってくれる。アナリティクスは、人間の判断力に取って代わり、創造的、革新的な活動を減らすものではなく、むしろ意思決定プロセスで検討すべき新しい洞察を与えてくれるものなのだ。

Michael Lewis は、その著書「Moneyball: The Art of Winning an Unfair Game」で、これまで統計に根差してきた野球の世界でも、大リーグの下から3番目に低い年俸しか出せないオークランド・アスレチックスが、アナリティクスによって競争力のある野球チームを編成できたという事例を挙げている[2]。

アナリティクスそのものを目的とすると失敗する。アナリティクスの価値を最大限に引き出すには、それを最も重要なビジネス課題の解決に適用し、組織の広範囲に展開することが必要だ。アナリティクスは手段であって目的ではない。それは事実に基づく意思決定のための方法である。

Brenda Dietrich（Fellow and Vice President, Emerging Technologies, IBM Watson）は、「アナリティクスはもはや、新興の分野ではないと考えている。今日の企業は、あらゆる形態のデータにアナリティクスを適用することを学んでこそ成功できる。研究所、メーカー、緊急救命室、政府機関、プロスポーツのスタジアム、いかなる職場においても、アナリティクスに習熟したプロフェッショナルが活躍できない業界はもはや存在しない」と語る。

本書の目的は、組織がビッグデータとアナリティクスを活用し、目標を達成するための疑問点を取り除くことにある。そのため、現在そして将来のビジネスリーダーに向けて、IBM がアナリティクスをどう活用して変革を成し遂げたかを、本書で一挙に公開する。アナリティクスについては、多くのコンサルタントや学者が著書で雄弁に語っている。一方で、IBM 社内のアナリティクス活用の現場で実際に学んできた人々が語るこの物語は、何が機能し、何が機能しないかについて、あるいはいかに変革に踏み出し加速するかについて、現実世界の視点をもたらしてくれるだろう。

IBMが全社的規模で
アナリティクス活用に乗り出した理由

　IBMは、1950年代後半から製造および製品設計の分野で、1980年代からはサプライチェーンの分野でも、現在アナリティクスと呼んでいるものを活用してきた。そして2004年に、Brenda DietrichとLinda Sanford（当時 Vice President of Enterprise Transformation）が極めて重要な決断を下す。以来、IBMはアナリティクスの適用範囲を、サプライチェーンや製造などのプロセス化された分野から、プロセス化しにくいセールスや財務、人事などの分野に至るまで拡大し、全社的な変革へと進めた。
　Dietrichは2004年当時、IBM基礎研究所で数理科学部門の責任者を務めていた。この部門は、統計学、データマイニング、オペレーションズリサーチなど、計算機数学の幅広い分野の研究活動を担当するグループである。
　偶然にも、DietrichとSanfordはともにオペレーションズリサーチの学位を取得していた。これは数学を現実世界の課題に適用する学問で、現在「ビジネスアナリティクス」と呼ぶものの先駆けである。基礎研究所の数理科学部門で開発され、IBMのサプライチェーン分野に適用された数学的手法の価値をSanfordは理解していた。
　Sanford率いる変革チームは、IBMの全社的変革にさらにアナリティクスを組み込む機会を模索していた。自分たちの業績が認知されるために、目に見える成功を早く役員たちに報告する必要があることをSanfordは知っていた。
　DietrichとSanfordはIBMの営業プロセスについて、そしてIBM営業担当者1人当たりの年間収益を評価する、シンプルで容易に算出できる評価指標について意見を交わした。
　目標は、年間収益を増大させて、会社の売り上げを拡大することである。DietrichとSanfordは、カナダで中小企業向けのビジネスを担当する営業部門とともに、小規模なパイロットプログラムを開始した。この初期パイロットでは、販売見込み案件をスコア付けするために、IBMの社内データに加えて社外から入手可能なデータも利用した。即座の効果として、見込み案件の受注率が高くなり、営業担当者1人当たりの収益が向上した。より重要なことは、アナリティクスの力が成長と変革を支えることを証明できたことだ。

第1章　ビッグデータとアナリティクスに注目する理由

　IBMは過去10年間、アナリティクスの力を熱烈に支持してきた。アナリティクスの活用は、製品設計などエンジニアリングに根差したプロセスから、サプライチェーンなどの物流プロセス、そして営業部門や人材の管理といった人間中心のプロセスにまで広がっている。アナリティクス活用の受け入れまでに至る企業風土の変化は、一見に値する。
　IBMがセールスアナリティクスツールの開発に着手したとき、セールス部門の責任者の多くはそうしたツールの価値に懐疑的だった。販売見込み案件を実際の売り上げに転換するのは、概して営業担当者による行動の結果であり、事前に予測できるものではないというのが彼らの考えだった。
　しかし過去10年間に、受け止め方に著しい変化が起きた。今では営業部門のマネジャーたちは、自分の部門の成績をよりいっそう高めるために、さらなるアナリティクスの支援を求めるようになっている。

ビッグデータとアナリティクスを解明する

　アナリティクスが、新たな洞察をデータから導く数学的あるいは科学的な手法だとして、ではデータベースからデータを取り出し加工する処理はすべてアナリティクスと呼べるかというと、そうではない。アナリティクスは、単にデータを用いて要求に応えるものだとしばしば誤解されるが、データベースでの計算処理以上のものであり、データから洞察を得るための数学的あるいは科学的な手法の利用を伴う。
　アナリティクスとは、よく知られた手法であるビジネスインテリジェンス（BI: Business Intelligence）から始まり、数理的なモデル化および演算を数多く使う複雑な手法にまで及ぶ、一連の機能だと捉えるべきである。
　レポーティングは最も普及しているアナリティクスの機能であり、複数の情報源からデータを収集して標準的に使う形式にデータを要約する。そして可視化によりデータを生きたものにし、解釈を容易にする。
　一つの例として、小売りチェーンから上がってきた店頭販売のデータを考えてみよう。データはレジ精算の際、商品のバーコードを読み取るPOSシステムにより生成される。日次レポートには、店舗ごとの総売り上げ、各地域の部門売り上げ、最小管理単位（SKU）別の全国売り上げなどが含まれる。週次レポートには、それらの評価指標に加え、前週との比較や、前年同週との比較

などが含まれる。

　多くのレポーティングシステムでは、要約したデータを地域別、製品別、四半期別などへ展開することが可能で、これは総計が変化した原因を知るのにとりわけ有用である。

　例えば、家庭用エンターテイメント機器部門の売り上げが増加すれば、店舗の地域統括マネジャーは店舗単位の詳細情報を知りたくなるはずだ。この売り上げ増は、地域の多くの店舗で均等に売り上げが増加した結果なのか、それとも地域内の数カ所の店舗でのみ爆発的に売り上げが増加し、結果として地域全体の数値を押し上げたのか知りたくなる。

　また、この増加がほんの少数のSKU（例えば、非常に人気のある映画やビデオゲームなど）によってもたらされた結果なのかどうかを知りたくなる。売り上げ増加の原因が推定できれば、地域統括マネジャーは、配下の店舗マネジャーたちに対して、人気商品の在庫をチェックし、その商品を店舗内の目立つ場所に配置換えし、地域内の店舗同士で在庫の再配分を行うように指示できるだろう。

記述的アナリティクスと予測的アナリティクス

　「記述的アナリティクス」とも呼ばれるレポーティングは、発生した出来事をレポートし、発生原因の特定に関わるデータを示し、最新のデータをモニタリングして現在起きていることを明確にする。BIソフトウエアは記述的アナリティクスの機能を提供する。BIは、企業に最新の出来事を明確にし、自社の運営の理解を助ける。

　BIソフトウエアを導入する際、企業は自社の主要な業績評価指標について十分検討し、何を測定してモニタリングするかを理解し、そして評価指標を変化させる原因を探るプロセスを開発する必要がある。時には測定すべき対象が明らかな場合もあるが、別のケースでは測定対象が明らかではなく、アナリティクスによって評価指標を見いだすといった場合もあるだろう。

　さて、これら記述的アナリティクスの機能を習得すると、多くの組織は次に、将来何が起きるかについての「将来を照らす明かり」を求めるようになる。つまり統計学やデータマイニングなどの手法を用いて現在と過去の情報を分析し、将来何が起きるかを予測する「予測的アナリティクス」に目を向けるのだ。予測的アナリティクスは通常、今後起きることの予測と、それが起きる確率を

提供する[3]。

　記述的アナリティクスと予測的アナリティクスの違いは、天気レポートと天気予報の違いに似ている。レポートが既に起きたことを述べるのに対し、予報は今後起きそうなことについて述べ、その確率に言及する。正確な予測は大きなビジネス価値を生む。だからこそ、将来に関する価値ある予兆を含むデータの発見と、そうした予兆を効率的に抽出できる分析手法の開発に大きな労力が払われるのだ。

　かつて予測的アナリティクスの実行には、深い分析スキルが要求された。今日では近代的なツールが登場し、より幅広い層が予測的アナリティクスを活用して意思決定を導出できるようになった。

　しかし予測的アナリティクスは、使うデータの良しあしに左右されるものであることを忘れてはならない。つまり、誤ったデータは誤った予測結果を導く。またデータから把握できない出来事は、そのデータをいくら分析しても決して予測できないのである。

　過去に基づいて将来起きることを予測するのは非常に有益なことだ。それによって、例えば小売店の地域統括マネジャーは店舗内の冷菓の需要を、天気や地元の競合状態の関数として把握できる。

　しかし、より重要なことは、その冷菓の過去の販売結果と、販促上の価格設定、クーポン、広告などの行動との関係が分かることだ。もしもこの地域統括マネジャーが、同じ関係性が今後も続くと考えるなら、別の価格設定や別の広告スケジュールだと売り上げが今後どう推移するかを見積もる（予測する）ことができる。行動と結果の関係を発見する予測的アナリティクスは、ことのほか有用である。

処方的アナリティクス

　行動を推奨する分析手法を「処方的アナリティクス」と呼ぶ。概して、その目標は最善の結果をもたらすと思える一連の行動を見つけることだ。そのためには、行動と結果の関係を理解しなくてはならない。多くの場合、この関係は明確で、しかも不変である。例えば新聞のチラシ1部当たりの製造および配送コストが30セントだとすると、任意の人数の読者に配送するコストは「30セント×読者の人数」となり、明確で不変だ。

　一方、チラシによる売り上げの増加額はそれほど明確でなく、例えばチラシ

を配布しなかった週と配布した週の売り上げを比較するといった過去のデータの検討でのみ推察できる。とはいえ推察した関係性は、地域によって違うかもしれないし、その年の週で異なるかもしれない。従って、計算で得た値は、新しいデータが利用可能になるたびに再計算する必要がある。

こうした制約はあるものの、予測に基づく関係性を意思決定に適切かつ注意深く活用することで、明らかに価値を導き出すことができる。行動と結果の既に知られた不変の関係性に基づいて意思決定を推奨するために、数理的最適化の手法が何十年にもわたって用いられてきた。

とりわけ、スケジューリングやリソース配分を伴うサプライチェーンおよびロジスティクスの意思決定において幅広く使用されてきた。近年では、輸送時間などの物理的制約や、経済発注量などのビジネスの規則から関係性を決めるだけでなく、過去データからの予測で関係性を決めて意思決定することに数理最適化の手法が活用されている。

例えば予測した価格弾力性に基づいた価格設定、予測した広告視聴数や予測した視聴者1人当たりの売り上げ増加率に基づいた広告選定、また顧客セグメントに従ってターゲティングした販促提供（レジ精算時のクーポンなど）などがそれだ。

ソーシャルメディアアナリティクス

アナリティクスは、企業外のデータや、Twitterからのデータなど何かの処理や取引として解釈しにくいデータにも適用できる。既にビジネス価値を生んでいるアナリティクス活用の新興分野の一つが「ソーシャルメディアアナリティクス」である。ソーシャルメディアのデータを分析または聴取し、様々なテーマに関する世論や意見を評価する[4]。

ソーシャルメディアの例としては、ブログ、Twitterなどのミニブログ、Facebookなどのソーシャルネットワーク、またはフォーラムなどがある。特定のテーマについてのコメントを集め、肯定的および否定的な意見を分析することで、そのテーマについて人々がどう感じているか、そのテーマについてコミュニティーの意向はどのようなものかを探ることができる。

世の中の意見を表現する代表的な手法は、数量の時系列変化、意見の時系列変化、意見の地理的分布などについてのビューを備えたダッシュボードを使用することだ。

ソーシャルメディアは、商品に関する顧客の反響を入手するための顧客データのマイニングによく利用される[5]。ソーシャルメディアにアナリティクスを活用することの投資効果（ROI）の測定は、概して難しい。そのため、某スポーツウエアメーカー、某市役所、そして某自動車メーカーは、ソーシャルメディアアナリティクスを活用する価値の測定に、価値展開ツリー（価値要因の関係をツリー状に可視化したもの）を活用した[6]。

エンティティーアナリティクス

もう一つの新興分野は「エンティティーアナリティクス」で、同一のエンティティーに関するデータをまとめてグループ化することに取り組む。エンティティーアナリティクスのパワーを示す単純な例を示すため、A、B、Cという3つの顧客レコードがあるとしよう。

そのうちAとCには共通するデータがないが、BのデータにはAと同一の免許証番号と、Cと同一のクレジットカード番号が含まれる。これら3つの顧客レコードを合体することで、A、B、Cそれぞれのレコードよりも完全なレコードを得ることが可能だ。

エンティティーアナリティクスは、文脈を認識し、似たあるいは関連するエンティティーを大量のデータ群から特定するための有力な手法である。Jeff Jonas（Fellow and Chief Scientist, Context Computing）は、企業が処理しなければならないデータはすさまじいスピードで増加しており、企業の能力がそれに追いついていないと主張する。つまり、データクレンジングと分析にこれまでと同じ手法を用いていると、データ量が飛躍的に増加する状況についていけない[7]。

Jonasは、データを意義あるものにして文脈を見いだすためには、データを仕分ける必要があることをジグソーパズルに例えて説明する。どんどん積み上がるパズル片の山を増大するデータ量に例える。パズル片、つまりデータを組み立てないことには、自分が何を扱っているのかさえ知ることができない[8]。

Maureen NortonとEmily Plachyは、ビッグデータとアナリティクスについてMBA課程の学生に講義する際、関連するエンティティーを大量のデータ群から見つけることがいかに大変か身をもって教えるために、寄せ集めた机の上にばら撒いた無数のパズル片を学生に組み立てさせ、洞察を見つけたら大声で叫ばせる、という演習を行う。

コグニティブコンピューティング

　エンティティーアナリティクスは断片的なデータ間の関係を解き明かすには有益であり、また既に見つけた関係を、新しく取り込んだデータに対して適用することができる。一方で別の手法を使えば、非構造化データから洞察を引き出せる。

　「コグニティブコンピューティング」は、急増するビッグデータから洞察を得たいというニーズから生まれ、人間とこれまでにない方法で対話し、洞察や助言を提供する。第11章「未来へのまなざし」では、この刺激的な新しいコンピューティング時代について述べる。

ビッグデータ

　アナリティクスのためのデータ源で最も入手が容易なのは、企業の社内トランザクションデータだ。小売店を例に取ると、在庫データ、売り上げデータ、従業員データ、販促・広告データなどがそれに該当する。企業はますます、社内データに加えて、ソーシャルメディアなど外部ソースからのデータを活用するようになってきている。企業のトランザクションデータによって、何が売れたかが分かる。

　一方、ソーシャルメディアのデータは、顧客が何を買おうとしているのかという洞察を早期に提供してくれる。Twitterのようなソーシャルメディアツールの利用が進み、インターネット上のブログやフォーラムが成長するにつれて、ソーシャルメディアのデータ量は膨大になるため、それを分析することが企業に大きな洞察とメリットをもたらす。ビッグデータには、4つの「V」として知られる4つの側面がある[9]。

- ■ボリューム（Volume）：テラバイトからペタバイト級にも達するデータのサイズ
- ■多様性（Variety）：構造化、テキスト、マルチメディアといったデータ形式の種類
- ■スピード（Velocity）：ストリームデータを解析するスピード
- ■正確性（Veracity）：信頼性の管理が必要となるデータの不正確さ

　ソーシャルメディア界で盛んに活動しビッグデータを生み出している消費者の存在が、企業を「システムズオブエンゲージメント」と呼ばれるコラボレーショ

ン的なシステムの構築へと向かわせている[10]。この新しいシステムがエンゲージメント（人との関わり）の価値を計測する「エンゲージメントアナリティクス」を生み出した[11]。

エンゲージメントアナリティクスは、従業員や顧客とのエンゲージメントを測るのに利用できる。システムズオブエンゲージメントおよびエンゲージメントアナリティクスについては、本書第5章「ITによるアナリティクスの実現」で詳述する。

本書は、IBMがいかにアナリティクスを活用して様々なビジネス課題を解決し、ビジネス成果を上げてきたかを述べている。取り上げたアナリティクスの種類には、予測的アナリティクス、処方的アナリティクス、ソーシャルメディアアナリティクス、エンティティーアナリティクスなどがある。

いくつかのアナリティクスはビッグデータを対象に行われる。アナリティクスの活用はコスト削減や収益増大をもたらすことに加え、より正確でタイムリーな情報の提供により、より良い意思決定と複雑性の低下を実現し、事業経営を改善する。

アナリティクスによって得られる予測能力は、非常に有益なものである。あなたがビジネスの世界に身を置く会社経営者や大企業の社員であっても、非営利団体や政府機関の職員であっても、あるいは将来に向けて勉学する身であっても、アナリティクスが切り拓く可能性について知ることは、競争上の優位性をもたらす。IBMがたどってきた道のりを理解することは、ビッグデータとアナリティクスからどのような価値が得られるのかを明らかにし、ビジネスで成功するための道筋を示してくれる。

アナリティクスが重要である理由

> 「人は事実に反応する。適切なデータを、道理をわきまえた人物に示せば、その人は理にかなった意思決定を行う」
>
> Linda Sanford, Senior Vice President, Enterprise Transformation, IBM Corporation

簡単に言えば、アナリティクスは機能するからこそ重要なのである。膨大な

データがあったとしても、アナリティクスを適用して洞察を生み出さない限り、データの価値は得られない。
　人間の脳は、ソーシャルメディア、センサー、その他多くのものから生み出される大量のデータを処理するようにはできていない。人は意思決定に際して直感に頼ることも多いが、将来はアナリティクスによる情報に基づいた直感が優位に立つようになるだろう。
　いくつかの調査がアナリティクスの価値を示している。予測的アナリティクスを活用する企業は、そうでない企業に比べ業績が5倍も上回る[12]。2012年にIBM Institute of Business Valueとオックスフォード大学サイードビジネススクールが全世界の1000人以上の専門家に対して実施した共同調査では、回答者の63％が、情報の活用（ビッグデータとアナリティクスを含む）によって所属組織に競争優位がもたらされたと回答する[13]。
　IBMはビジネス目標の達成と株主への価値提供のために、アナリティクスを活用している。あなたの競争相手はまさに今、ビッグデータから得た新たな洞察をどう活用するかに、しのぎを削っているのだ。
　IBMは、アナリティクスがデータから洞察を導き、その洞察がビジネス成果を向上させることに信念を持ち、併せて変革の精神を持ってアナリティクスの活用に着手した。失敗を恐れず、期待通りに動かないプログラムの再設計もいとわなかった。従来型のITプロジェクトと違い、大半のアナリティクスプロジェクトは探索的なものである。
　例えば、本書第7章「測定不可能なものを測定」で紹介する、開発費用ベースラインプロジェクトは、詳細レベルで開発費用を判定する新しい方法を探索し、これまで解決できないと思われていた課題に対処することを目指した。そこでIBMのアナリティクスチームは、その作業に必要となる完璧なデータが集まるのを待つことはせず、むしろ作業を進めながらデータを洗練させ改善していった。
　また本書第9章「セールスのパフォーマンス向上」で紹介する、営業担当者カバレージの最適化プロジェクトは、手元のデータが不完全であることを知っていたが、データの管理者たちがデータを改善するのを待つのではなく、先に作業に取り掛かり、データガバナンスとデータクレンジングで着実に成果を上げていった。
　このアプローチを取ることで、価値創造までの時間を短縮できた。重要なこ

とは、アナリティクスを戦略に組み込む決意を持って第一歩を踏み出すことであり、このアプローチはビッグデータでも効果的である。ビッグデータの活用を先延ばしにするより、まずは活用し、ビジネスの優先事項とデータの課題との関係を明らかにしながら進めることで、スマートな企業となる。

ガバナンス

　IBM 自身の変革の取り組みについて知りたいという顧客の大多数は、ガバナンスというテーマに最大の関心を寄せている。アナリティクスを活用するためにどのように組織を組むべきか。アナリティクスのグループを組織のどこに配置すべきか。これは IT 部門の機能か。誰がアナリティクスプロジェクトをリードし、誰をメンバーに加えるべきか。アナリティクスを活用したプロセスを組み込む組織をどう立ち上げるか。興味深いことに、データやプロジェクト費用についての課題ではなく、組織化についての課題がビッグデータとアナリティクスを進める際の一番の障壁となる。

　例としては、アナリティクスによる企業業績向上という大きなテーマにどういうチームを組めばよいか分からない、優先順位の理由で担当者が別の業務と兼任する余裕がない、といったことが挙げられる [14]。

　IBM は、当初は最も多くの課題を抱えるビジネス分野に焦点を当て、アナリティクスを最重要課題の解決手段として活用した。それを最初に適用したのは、サプライチェーン分野における大規模で重大な問題であった。サプライチェーンの問題は、一時、IBM が年間に数百万ドルもの負担を負う事態となっていた。

　だが、アナリティクスがビジネス遂行に組み入れられたとき、流れはがらりと変わった。現在、IBM のサプライチェーンは世界第一級のものとなっている。アナリティクス活用による IBM の変革は、1993 年に始めた大規模な企業変革の一環である。

　全社的な企業変革の中で、IBM の組織は「バリューサービス」を組み込むように進化した。バリューサービスとは、生産性と効率の向上実現に向けて協業する、一連の機能部門、プロセス、取り組みであり、主に以下の 2 つを目指す [15]。

■真に統合されたグローバル企業のシェアードサービス：この変革を支援する

ために、IBM 全社にわたり支援サービスを提供する、グローバルに統合された組織が設立された[16]。このシェアードサービスは、後の章で詳しく述べるが、人材、統合サプライチェーン、情報技術、マーケティングの4つの分野で提供される。

■企業変革の取り組み：数々の取り組みを全社的規模で開始し、IBM が顧客、ビジネスパートナー、そして社員と取り組むことにより合理的かつ革新的な改革を行った。後の章で詳しく述べるが、「開発」「IBM 社内でのスマーターコマース」「ハードウエア製品管理の変革」の3つが、企業変革の取り組みである。

これらは IBM 全社にわたり支援サービスを提供し、徹底的かつ革新的な変革を推進する。そのためアナリティクスを組織の広範囲に展開するための適切な組み込み先といえる。例えば、経理財務部門が支出を予測するアナリティクスソリューションを構築、導入すれば、IBM のすべての事業部門がその利益を享受できる。

IBM の変革の次なる進展は、真に統合されたグローバル企業からスマーター企業への移行である。これは下記の要素を使って全社を最適化することで成し遂げられる[17]。

■顧客や会社についてビジネス洞察を得るための「アナリティクス」
■社内外との仕事に関する協業を進めるための「ソーシャルメディア」
■ネットワーク接続をあらゆる場所に行き渡らせるための「モバイル通信」
■IT を強化するための「クラウド技術」

スマーター企業への IBM の変革は「Creating a Smarter Enterprise: The Science of Transformation」で述べられている[18]。2004 年に開始した、全社規模でアナリティクスを活用するという IBM の変革は継続中だが、今はソーシャル、モバイル、クラウドがアナリティクスを補強している。

IBM ではアナリティクスは中央で集中管理するのではなく、IT 部門が推進しているわけでもないことを知ると、多くの人々は驚く。

多くの人はアナリティクスをテクノロジーとして捉えており、テクノロジーのプロジェクトは IT 部門が主宰するものだと考える。しかしアナリティクス

はビジネス遂行の手法であるからこそ、現場の近くに配置し、あらゆる業務プロセスに緻密に織り込んでいく必要がある。

　大切なのは、アナリティクスの活用によりビジネス課題を解決し、よりいっそうスマートに、機敏に行動することだ。そのためには、課題の近くに配置することが大事になる。

　ビジネスの専門家はアナリティクスの専門家とパートナーを組み、時にはIBM基礎研究所を活用する。IBM基礎研究所は、ビジネスに貢献できる400人規模の数学部門を有する。IBM特有で他が真似できない機能である。

　IBMは自社の数学部門を活用し、アナリティクスを社内に導入するとともに、そこでの教訓や実績をアナリティクス製品やソリューションに反映してきた。これは顧客にとって意味があることで、つまり顧客は、自社で大規模な数学部門を抱えずに、そのメリットを手にすることができる。

実績あるアプローチ

　ビジネス課題の解決に集中するスタートは大切だが、もう一つ重要なことは、最初から上位のエグゼクティブの支援を受けることだ。ガバナンスの視点から見ると、価値を生み出す行動や意思決定に集中することと、上位のエグゼクティブの支援を得ることの2つが、価値を推進する重要な手段である。

　アナリティクスを実施する理想的なチームは、経験豊かなデータサイエンティスト[19]、解決すべきビジネス課題に詳しいスタッフ、そしてビジネスの特定分野におけるデータの扱いに精通しているITスタッフによるコラボレーションだ。

　マサチューセッツ工科大学スローン校とIBM Institute for Business Valueによる共同調査では、いくつかの提言が出された[20]。

　まず、最大かつ最高に価値のあるビジネス課題から着手すること。次に、今何が起き、将来何が起こるのかを理解するために、その課題に関して数多くの仮説を立てること。そして外に出て、その課題に関連性のあるデータを探すこと。最後に、データ分析と課題解決のために、どのアナリティクス手法を活用すべきか検討すること。

　プロジェクトに使える資金やスキルのある人材には限りがあるため、ROIを見積もることが、最も効果を出せそうなプロジェクトを選ぶ有力な判断基準に

なる。アナリティクスプロジェクトにおけるROIの見積もりは、プロジェクトコストの把握と得られる価値の測定からなる。本章の前半で述べた通り、価値展開ツリーは価値を測定する効果的な手法だ[21]。

アナリティクスはビジネスへのアプローチ法を変え、ビジネスの管理と変革のためになくてはならない方法となる。

進捗の評価

ビッグデータとアナリティクスを活用してビジネス課題の解決に乗り出した後、どうしたら進捗の度合いを知ることができるのか。IBMは、組織がビッグデータとアナリティクス導入の成熟度を計測し、導入強化のために目標設定できるように、Analytics Quotient（AQ）を開発した[22]。組織は約15の質問に回答することで、自分たちのレベル（初心者、ビルダー、リーダー、達人）を把握できる。

IBM Institute of Business Valueは2013年に、ビッグデータとアナリティクスから得た洞察をどのようにしてビジネス成果に転じるかをテーマに調査した結果を公表した[23]。調査は900人以上のビジネスエグゼクティブおよびITエグゼクティブを対象に実施され、ビッグデータとアナリティクスから価値を生み出すことに長けた組織を識別するための9つの手段を特定した。その9つの手段は下記の通りである[24]。

■価値の源泉：価値をもたらす行動と意思決定
■測定：ビジネス成果に与える影響の評価
■プラットフォーム：ハードウエアとソフトウエアにより実現する統合機能
■企業文化：組織内でのデータとアナリティクスの利用可能性と活用
■データ：データ管理とセキュリティのための公式プロセス
■信頼：組織内での信頼
■スポンサーシップ：エグゼクティブによる支援と関与
■投資：アナリティクス投資予算検討プロセスの厳密さ
■専門知識：データ管理スキルとアナリティクススキルの開発と利用

著者は、9つの手段に長けている組織と、データとアナリティクスから最大

限の価値を創造する組織の間には、強い相関性があることを発見した。さらに、すべての手段が価値創造に同等の影響を与えるわけではないと判断し、9つの手段を3つのレベル（使用可能化、推進、拡大）に分類した（図1-1）[25]。

- ■使用可能化は、ビッグデータとアナリティクスを使えるようにするための基礎を形成する。この基礎は、価値をもたらす行動と意思決定、ビジネス成果に与える影響の評価、ビッグデータを分析するためのプラットフォームの提供からなる。
- ■推進は、アナリティクスによる洞察から価値創造に移行する際に必要な行動であり、アナリティクスとビッグデータの企業文化、データ管理とセキュリティ、信頼の醸成からなる。
- ■拡大は、価値創造の増大であり、これは同じビジョンの共有、アナリティクスへの投資の管理とモニタリング、ナレッジの共有により達成される。

ビッグデータとアナリティクスを活用したビジネス価値の実現に踏み出すには、まず、「使用可能化」における3つの手段、つまり「価値の源泉」「測定」「プラットフォーム」から開始し、次いで推進、最後に拡大に移るのがよい。

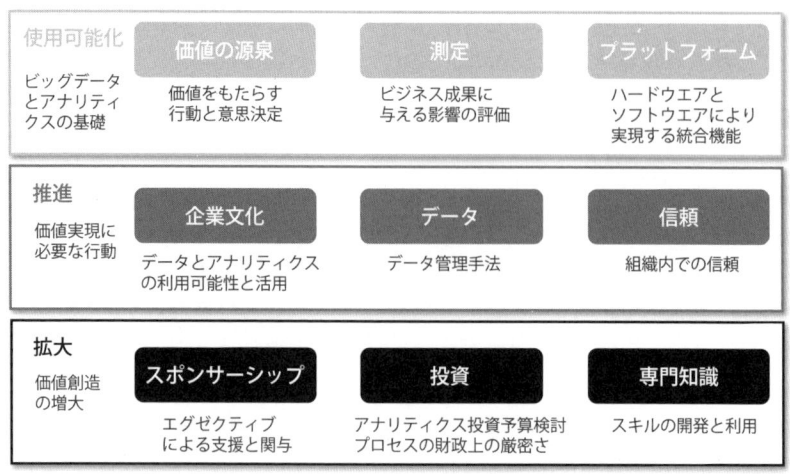

図1-1　ビッグデータとアナリティクスの活用を利用可能にし、推進、拡大する9つの手段

9つの道のりの概要

　IBMには多数の業務機能がある。そのうちのいくつかは人事、経理財務、サプライチェーン、販売、情報技術、マーケティング、サービスなど、大半の企業が持つ一般的な機能である。

　もう一方の、ソフトウエア開発、ハードウエア製造などの機能は、自動車産業における車両製造など別の業界にも固有の機能があるように、テクノロジー企業に固有のものである。

　本書には31の事例を掲載しており、これらは9つの業務機能がアナリティクスを取り込むことでどのように業務を変革し成果を上げたかについて説明している。各業務機能の事例は章ごとに記述し、冒頭では業務部門がアナリティクスの活用でビジネス成果を上げてきた道のりを、盲点や教訓も交えて概説した。

　次いで、その部門で特筆すべきアナリティクスのプロジェクトを1つ以上クローズアップして詳述する。9つの業務機能がアナリティクスに着手した時期はまちまちであり、現在はそれぞれ異なる段階にある。また、部門によって異なるアプローチが取られてきた。共通テーマは存在するものの、それぞれの道のりには違いがある。

　ある業務部門は長い期間にわたって取り組みを継続している一方、別の部門は取り組み開始直後であり、その中間にある部門もある。すべての業務部門は過去に記述的アナリティクスまたはビジネスインテリジェンスを活用している。本書では予測的アナリティクスおよび処方的アナリティクス、そして新しい形態のアナリティクスであるソーシャルメディアアナリティクスおよびエンティティーアナリティクスに焦点を合わせた。

　IBMのサプライチェーン部門は最も早くに取り組みを始めた部門であり、多数のアナリティクスソリューションを持っている。サプライチェーン部門がいかにしてアナリティクスを活用し、費用削減を実現すると同時に、悪影響が出る前に品質問題を予測したか、本書を読めばお分かりいただけるはずだ。

　サプライチェーン部門ではまた、ソーシャルメディアアナリティクスを活用し、全世界で起きている出来事に基づいて、サプライチェーンの混乱を予測している。

　経理財務部門も、アナリティクス活用の豊かな歴史を持っている。例として

は、財務リスク軽減や、企業買収で目標達成に失敗した場合のリスク軽減のためのアナリティクス活用が挙げられる。

IBMの人事部門がアナリティクスの活用に着手したのは比較的最近だが、予測的アナリティクスを活用し、先手を打って社員定着率を高めるとともに、ソーシャルアナリティクス、ビッグデータ、感情分析を活用し、新しい人事プログラムなど、様々なテーマに関して社員の心情を把握している。

IBMの情報技術（IT）部門は、社内の専門家を探すシステムや、製品・サービスに関する営業部門からの質問に答えるシステムなど、ビッグデータとアナリティクスを活用した数々のアプリケーションを開発してきた。

明らかになってきたテーマ

本書で述べたIBMの9つの業務機能が歩んだ道のりには、いくつかの共通テーマがあることに気付かれるだろう。

「今日手にしているデータから推察した関係性は、明日収集するデータには見つからないかもしれない」——過去に関するデータから推察した関係性は、必ずしも明日収集するデータとは一致しないのである。

データを一度だけ分析し、その古い分析に基づいて同じ意思決定を続けることがあってはならない。データの分析を継続的に行い、以前に発見した関係性が現在も有効であることを検証し、新しい関係性を発見することが重要だ。幸いなことに、データの大規模な変化はそう頻繁には起こらず、大抵徐々に変化する。

ただしソーシャルメディアの意見は、他のデータに比べてその変化の期間が短い。過去のデータから引き出した関係性を活用することは、関係性はないとみなすより、はるかに功を奏することが何度も証明されている。見つけた関係性は、因果関係というより相関関係に近い。とはいえ、これらの関係性を迅速に察知し、それに対し迅速に行動するなら、少なくとも一時的にはビジネスの優位性を得られるだろう。

「アナリティクスから価値を引き出すために、その技術を詳しく理解する必要はない」——長い間、多くのビジネスリーダーたちは、演算の詳しい内容を理解できる人だけが数学を活用すべきだとの認識を示していた。

しかし近年では、この見解は変化しており、アナリティクスは他のテクノロ

ジーと同列に扱われるようになってきた。効果的な活用法を学ばなければならないものの、アナリティクスをビジネスの意思決定に適用する上で、その内部の仕組みを詳細に理解する必要はない。アナリティクスの手法は、解決すべき課題の内容に応じて適用し、エンドユーザーがその結果を活用できるようにすべきである。

カーナビシステムのユーザーがルーティングのアルゴリズムの詳細を理解する必要がないのと同様、アナリティクスのエンドユーザーは数学の詳細について理解する必要はない。通常、アナリティクスの結果をエンドユーザーに理解しやすいものにするために、エンドユーザーの言葉とプロセスで数学を包み込む。

また、技術の詳細は、ユーザーの目に入らないように、サプライチェーン業務などでは、別のものの中に奥深くに組み込むこともできる。アナリティクスは、統計学やオペレーションズリサーチの博士号取得者だけでなく、誰しも利用できるものでなくてはならないのだ。中には導入前に、結果が信頼に足るものであることを確認するため、アルゴリズムや内部の仕組みを理解したいと考えるエンドユーザーもいるかもしれないが、それはまれなケースである。第4章「会計アナリティクスによる将来の予測」ではそのような例を取り上げる。

「**安価で高速なプロセッサーとストレージの出現がビッグデータ分析を可能にした**」——ムーアの法則に従って、演算パワーは大幅に向上し、データの保存とアクセスにかかるコストも大幅に低下した。コンピューティングが安価に、より手の届くものになったことで、what-if分析を頻繁に行えるようになり、ビッグデータ中の膨大な変数をテストして相関関係が探れるようになった。

「**多くの場合、迅速な実行は完璧な実行に勝る**」——不正確ながら迅速なアプローチはしばしば、大きな収穫をもたらす。なぜなら、アナリティクスを使用しない人より、適切に判断ができるからだ。時間とともに、適用するアナリティクス手法は洗練されたものになり、さらなる収穫をもたらすように改善されていく。

「**アナリティクスを利用することは、耐監査性と説明責任の向上につながる**」——意思決定プロセスはいっそう階層化され、再現可能なものになり、意思決定する個人への依存度を弱める。様々なポジションに就いている人が入れ替わっても、業務は同じように進行する。どの分析を活用し、なぜそのような意思決定がなされたのか、振り返ることが可能になる。

本書の活用法

　本書の構成は、読者が最適な順序で読み進めることができるように配慮した。後続の9つの章では、IBMがいかにしてアナリティクスを適用し、9つの業務機能における課題にどう対応したか論じている。章を順番に読むこともできるし、最も興味をひく章からスタートすることもできる。

　本書は参考資料として利用することもできる。付録には本書で論じた31の事例の一覧表が、その課題や成果、データの種類やアナリティクス手法の情報とともに収録されている。一覧表により、特定のアナリティクス技法とビジネス課題をマッピングし、それを基に課題が詳述されている章やページを参照できる。

　例えば、ソーシャルメディアアナリティクスに興味を持った場合、この一覧表により、第2章「スマーターワークフォースの創出」で、IBMの人事組織がいかにしてソーシャルメディアアナリティクスを活用し、社員が考えていることを正確に把握したかを確認できる。

　また第3章「サプライチェーンの最適化」で、サプライチェーン部門がいかにしてソーシャルメディアアナリティクスを活用し、サプライチェーンの混乱を予測しているかを確認できる。また、一覧表で自分が直面するビジネス課題と同種の課題を発見できる。

　本書は、アナリティクスを活用してビジネス分野の変革とビジネス成果の向上を実現した実世界の事例が掲載されているため、MBA課程の学生または学部生の教材あるいは副読本として利用できる。ビジネス分野の数を9にしたのは、これらの9章の他、本書第1章と第11章を合わせると、1学期のコースに合致するからである。

　本書は9つの異なる部門がいかにしてアナリティクスをビジネス遂行の方法として活用し、データやアナリティクスからどのようにビジネス価値を引き出したかを論じている。本書を通読することで、取り上げられたビジネス課題や盲点、ビッグデータとアナリティクスによってもたらされるビジネス価値、その過程でチームが得た教訓などを学べるだろう。

第2章

スマーターワークフォースの創出

> 「直感と併せて事実に基づく根拠を使うビッグデータとアナリティクスは、人事を各種業務と一体化させるための出発点となる」
>
> Randy MacDonald, former Senior Vice President, Human Resources, IBM Corporation

取り組みの方向性：
アナリティクスをワークフォースに適用する

　人材は、CEOへのグローバル調査[1]で取り上げたテーマ「持続的な経済価値」の中でも特に大きく取り上げた内容である。アナリティクスを使って人材の採用と管理を最適化できれば、業績を大きく改善できる可能性がある。「ワークフォースアナリティクス」や「タレントアナリティクス」[2]などの言葉は、アナリティクスを使ってワークフォース（つまり人材）を最適化し適切な意志決定を行うために作られた。

　ガートナーは、ワークフォースアナリティクスを「人材のパフォーマンスを測り改善すること全般を目的とした先進的なデータ解析ツールと指標」[3]と定義している。ワークフォースアナリティクスは採用、教育、能力開発、定着、配置、報酬と手当など、人材管理におけるすべてのライフサイクルを網羅して

いる。

アナリティクスを使って社員の管理とコストを最適化すると、組織の収益性を改善できる。さらに重要なのは、アナリティクスが組織のパフォーマンス改善に大きなチャンスをもたらすことだ。例えば、システムズオブエンゲージメントと呼ばれる社員間のコラボレーションを助けるシステムで使われるエンゲージメントアナリティスクスは、社員同士の関わり（エンゲージメント）を高め[4]、それによって組織のパフォーマンスを良くし、企業文化を改善する可能性を持つ。またアナリティクスは、離職しそうな社員の特定や重要な人材の引き留めにも役立つ。

10年以上前にIBMは、アナリティクスがワークフォース分野で大きな力を発揮することに気付いた。IBMは、社員のスキルと役割についての情報を集め、社員が短期的・長期的に持つべきスキル要件を特定するプロセスを検討し始めた。物品を扱うサプライチェーンと同様、ワークフォース管理にアナリティクスを生かすには、需要を供給と一緒に解決しなければならない。需要とは、役割、タスク、プロジェクト、その他の作業単位である。供給とは、スキル、経験、個々の社員、チーム、その他の作業能力単位である。長期的な供給不足が予想されるときは、採用、定着、トレーニングを最適化する機会として捉えるべきである。

IBMは社員が自身の能力とスキルを特徴付けるためのツールを既に開発しており、そのツールは、履歴書や他の電子的な経歴書から個人のスキルを判断するためにテキスト分析も使用している。特定の職務や仕事に必要なスキルを明確にすることは比較的容易であるため、IBMは様々なアナリティクス手法を用いて、ある業務に割り当てる個人のランク付けを、保有スキルに基づいて行っている。

一方、一つのグループを一連の仕事に割り当てることはそれほど容易ではない。なぜなら、1人を一つの仕事に割り当てるだけでなく、一連の割り当てを仕事全体にわたって最適にする必要があるためだ。幸いなことに、オペレーションズリサーチ部門は数十年にわたってこの問題に取り組んでおり、効果的なアルゴリズムとソフトウエアが既にある[5]。第10章「卓越したサービスの提供」では、制約プログラミングを使うと人を仕事におよそ最適に割り当てられることを示す。

IBM基礎研究所は、予測的アナリティクスをこのような短期的なスキル評価

と仕事への割り当てに適用するだけでなく、ワークフォース管理にも適用する研究を開始した。初期のプロジェクトでは、将来におけるIBMの人員構成を、過去の採用、教育、昇進、離職率に基づいて予測した。

後期のプロジェクトでは、職種、事業部門、地域ごとの離職を過去のデータに基づいて予測した。併せて、給与額、教育、昇進、上司との対話などの様々な要素が離職率に与える影響をデータに基づいて示した。

Murray Campbell（IBM基礎研究所 Senior Managerとして「スマーターワークフォース」という取り組みに尽力）は、「適切な人を組織に迎え入れ、適切な仕事に配置し、現在および将来的に最も必要なスキルは何か特定し、社員の士気を高めるものを特定する。これらを実現するためにより効果的で精度の良いモデルを、ビッグデータを用いて構築することが、スマーターワークフォースにおける次の大きなトレンドだ」と語る。

もう一つの大きなトレンドは、ワークフォースにおけるソーシャルメディアの活用だ。ソーシャルメディアはリーダーやマネジャーに社員の行動パターンについての深い洞察をもたらし、結果的に採用、能力開発、そして社員間のコラボレーションに役立つ。例えばソーシャルメディア上での社員の交流をネットワーク分析すると、情報共有と影響のパターンを確認できると共に、独立したコミュニティーを特定できる。

ワークフォース管理におけるデータとアナリティクスの重要性を認めた企業はIBM以外にもある。人材採用サービスとコンサルティングに携わるKenexa社は、2000年に人材派遣ビジネスをやめ、採用の技術とスキルテストの技術を活用した、人材スクリーニングおよび行動評価ビジネスへと舵を切った。

Rudy Karsan（Kenexa CEO兼創立者）が、人に関して、知識、スキル、性格にフォーカスする以外により多くのことができることに気付いたためだ。そして次の10年で、採用、学習、報酬のツールと、契約時の調査と性格テストに基づく大規模なデータレポジトリーとを構築した。

Kenexaは2012年にIBMと経営統合し、組織心理学について多大な専門知識をもたらした。例えばKenexaは、採用候補者の企業文化への適合性を評価し、2年以上勤務できる候補者か、リーダーになれそうな候補者かを予測する。具体的な採用時の役割と企業文化への適合性に沿って個人を評価するKenexaの手法は、特定の個人の長期的定着度合いを推定する。これは、社員全体の中で長期定着する人数を推定するIBMが持っていた手法を補完するものである。

Karsanは最近、ビッグデータがどのようにアナリティクスと意思決定のあり方を変えるかを考え始めた。これまでは、データから洞察を得るためには、仮説を立ててデータを集め、それが本当かどうかを検証しなくてはならなかった。

しかし、ストレージコストが下がりデータ収集が容易になった今、仮説からスタートする必要はない。単にデータを分析して結果を見ればよい[6]。例えばKenexaは、ビッグデータを活用して小売店の新人営業担当者やレジ係が離職する最大の要因は通勤時間であることを発見した。Kenexaが仮説を立てずにビッグデータからこの洞察を得たことに周囲は驚いたが、少し考えればこの洞察は筋が通っていることが分かる。レジ係の多くは一人親家庭であり、仕事と通勤に時間を取られることを嫌う。ビッグデータの場合、先入観なしにデータを見て、データから洞察を得ることができるのだ。

> 「我々は、これまでの推測を正確さで置き換えることで仕事を作り変えている。科学とデータは、これまでより優れた方法でこれを可能にする」
>
> Rudy Karsan, CEO and Founder, Kenexa

ワークフォースアナリティクスの利用法とその課題を学ぶため、IBMは北米の人事担当者400人以上を対象に調査を実施した。調査の結果、以下のことが分かった[7]。

- ■ワークフォースアナリティクスは、人的資源に関する戦略的な課題の解決にますます重要な役割を果たす。
- ■ワークフォースアナリティクスは、事業戦略推進の役割を積極的に果たそうとする人事部門にとって重要な能力である。
- ■技術面およびスキル面の問題が、ワークフォースアナリティクスの実施を妨げ続けている。

Randy MacDonald（元 Senior Vice President, Human Resources）はIBMのCEOと会い、数字には説得力があるという意見を述べた。一般的な企業では、

人事最高責任者（CHRO）は最も定量的データを持たない C レベル経営幹部の一人であり、2010 年以前は IBM でもそうであった。2010 年、MacDonald は人事分野でのアナリティクス利用を推進するため、ワークフォースアナリティクスを行うグローバルな人事部門を新設し、人事ディレクターの１人であった Jonathan Ferrar をリーダーに任命した。

　Ferrar の成功には、強いステークホルダーの存在が不可欠だった。Ferrar が、IBM 人事部門の文化にアナリティクスを組み込み、ビジネス判断の支援にこれまで以上にデータ分析を利用できるようにするために、MacDonald は Ferrar に権限と必要な人材を与えた。

　Ferrar はまず、人事に関する様々な報告書を作成する人たちと、人事データウエアハウスの管理を行う人たちに目を向けた。最初の問題は、人事部門にアナリティクスの知識が欠如していたことだ。この問題は、教育の実施と数人のアナリティクス専門家の投入、さらにアナリティクスに経験豊富な社内部門の協力により乗り越えた。既存の社員グループをアナリティクスチームに変容させた Ferrar の実践は、メンバー全員が新しいアナリティクスチームを雇うことが賢明でないことを示す規範となった。新しく採用した人材はその組織に関する知識、文脈、企業文化といったアナリティクスの適用に重要な要素を持たないためだ。Ferrar のアナリティクスチームは、離職者数予測、労働リスク分析、IBM 社員のソーシャル上の意見の理解などをプロジェクトに取り組み、わずか数年で大きな成果を上げた。

　これらのプロジェクトは困難を伴ったが、その理由はそれぞれ違っていた。第一にプロジェクトではデータ量が多いこと、第二にプロジェクトでは予測モデルの検証に時間がかかったこと、そして第三としてプロジェクトでは使用しやすいソフトウエアがなく、技術が必要になることが課題だった。

　こうした困難なアナリティクスプロジェクトに取り組んだ理由を聞かれた Ferrar は、「ビジネスリーダーからの問いには答えなければならない。それが困難な課題への取り組みを意味しているとしても、それはしなくてはならないからだ」と答えている。Ferrar は、成果を測定するために ROI などの「ハード」な評価指標を使用した。さらに、組織の振る舞いの変化を定量的に追跡するための「ソフト」な評価指標として、アナリティクス教育の受講や、人事部門の社員同士あるいはビジネスリーダーたちとの対話での「アナリティクス言語」の使用頻度などを設定した。

ビジネス課題：
成長市場において高価値な人材の定着を図る

　スキルを持つ高価値な人材の引き留めは、多くの企業にとって重要な課題である。北米の人事担当者400人以上を対象にした調査では、人材を定着させることが重要だと考える人が全体の89％を占めたが、それが効果的にできていると答える人は51％にとどまった[8]。

　インドや中国などの成長市場では高スキルの人材を獲得する競争が特に激しく、応募者数を上回る求人数がある状態である。人材を失うことは、生産性の低下や採用コストおよびトレーニングコストの増大を招き、企業に打撃を与える。急成長市場で、供給が追いつかないスキル領域の人材がほしい場合は、給与に上乗せもしなければならない。1人の社員を置き換えるための総コストはその社員の給与の90％から200％に及ぶ[9]。

　高いスキルを持つ高価値な人材の中で離職リスクのある者を予測的アナリティクスにより前もって特定できれば、あらかじめその離職リスクに対処するための洞察が得られるかもしれない。

　インドにおけるIBMのサービス部門では、ビジネスに影響を与えるほど高い離職率が問題になっていたため、「先を見越した人材定着プロジェクト」を開始した。IBMは離職リスクがあるメンバーを精度よく予測し、人材定着のためのアクションを提案できるよう、プロセスの設計と予測モデル開発を行った。

　報酬や昇進スピードに関する社員の悩みに対応することもその提案の一部である。このソリューションでは、国、事業部門、職務分野などの基準ごとに対象の人材をクラスタリングする。クラスタリングとは、各クラスターには同種のデータをまとめ、違うクラスターには別種のデータをまとめる形でデータセットをグループ分けすることを指す。各クラスターに対し、報酬別の自発的離職率と最終的なROIが計算される。

成果：離職率が低下し、期待を上回る純利益が得られた

　このプロジェクトは離職率に影響を与え、結果的にその率を低下させた。2012〜2013年の投資に対するROIは325％となった。

ビジネス課題：社員の考えを正しく把握する

　2011年1月、MacDonaldはソーシャルアナリティクスが人事部門に大きな変革をもたらすことに気付いた。MacDonaldは、「ソーシャルメディアを利用し、社員が考えていることをより正しく、包括的にかつ即座に把握すれば、社員へのアンケート調査よりも優れた洞察が得られるのではないだろうか」と考えた。

　この問いに答えるため、Ferrarはソーシャルメディアに表れる意見を理解するためのプロジェクトを開始した。これが、後に「エンタープライズソーシャルパルス」と呼ばれるようになったプロジェクトである。

　IBMのソーシャルメディアアナリティクスを活用して企業内の共通意見を捉えるプロジェクトチームが立ち上げられた。取り上げるテーマは、「IBMの社員は何を話題にしているか」「新しい製品、サービス、プログラムについてどう感じているか」「IBMに対してどう考えているか」「IBMで働くことをどう考えているか」といったものだった。

　エンタープライズソーシャルパルスは、公開データのみの収集や全データの匿名化をはじめとする、データ利用に関する指針を掲げている。最初に浮上した課題は、社員データの個人レベルでの分析を不可能にするものの、収集データが実用に耐え得る具体性と社員を代表し得る一般性を併せ持つようにすることだった。ケンブリッジにあるIBM基礎研究所チームは、ソーシャルメディア上で投稿者の匿名性を保ちつつアナリティクスやセグメンテーションを行い、洞察を得られるような洗練されたソリューションを提供した。

　エンタープライズソーシャルパルスは、IBMに大きな価値をもたらした。社員は意見を表明することで、人事、製品、サービスに影響を与えられるようになった。人事担当者は社員との関わりについての調査に基づき組織のある時点における関与状況を評価する能力、またIBM内外のソーシャルメディアに示された意見を収集してほぼリアルタイムで洞察を提供する能力を獲得した。人事担当者は必要に応じてターゲット調査やフォーカスグループ調査を実施し、特定の問題についての追加情報を得ることができる。

　エンタープライズソーシャルパルスは、企業向けの社員の意見分析ソリューションへと進化を遂げた。このソリューションは、個人のプライバシーを尊重するために匿名化された社内および社外のソーシャルメディアデータに基づき、

人事問題に使える戦略的洞察を意思決定者に提供する[10]。エンタープライズソーシャルパルスの目的の一つは、IBM内部にソーシャルビジネス環境を育むことである。この目的を達成するため、人事部門は社員に対し、国ごとに過去30日間の話題が一目で分かるようなPCの簡易プログラムを提供した。

エンタープライズソーシャルパルスは、ソーシャルメディアコンテンツ（IBM Connectionsサイトに投稿された公開データおよびTwitterに投稿されたIBM社員からのツイート）をリスニングして取り込む。次に、ソーシャルメディアコンテンツから投稿者の人口統計的特徴を明らかにし、一方で身元をぼかす。

テキストを分析して意見を理解し、最も話題になっているトピックとそれに対する意見を結び付けて視覚化し、人口統計的セグメントごとに集計する。トピックに関する意見を把握するため、最初はIBMのソーシャルメディアアナリティクスで初期設定されたプラスとマイナスの意見の用語を使用したが、必要に応じて用語を追加した。例えば、「wonderful（素晴らしい）」や「outstanding（優れている）」などの言葉はプラスの意見を、「awful（ひどい）」や「terrible（ひどい）」などの言葉はマイナスの意見を示す。

成果：社員に関する現実的な洞察に基づいて行動できるようになった

図2-1は、特定のトピックについての意見を示す値を国に色分けし、視覚化したものである。本書では網掛けで示しているが、通常カラーで表示される（カラー版はhttp://www.ibmpressbooks.com/title/9780133833034 参照）。

エンタープライズソーシャルパルスはリアルタイムのデータ分析により、話題のパターンを検出する。扱うデータ量が膨大で、種類が豊富で、しかもリアルタイムで分析するエンタープライズソーシャルパルスは、ビッグデータの4つの「V」のうちボリューム（Volume）、多様性（Variety）、スピード（Velocity）という3つの特徴を持つビッグデータソリューションだ（第1章「ビッグデータとアナリティクスに注目する理由」を参照）[11]。

大きく話題となるトピックほど重みが増す。エンタープライズソーシャルパルスは、問題を早期に表面化する早期通知システムとしての役割を果たす。図2-2は人々の意見の数を時系列で示したものである。棒グラフはプラス・マイナスの意見ごとに色分けされ、1日ごとの変化を示す（カラー版はhttp://www.ibmpressbooks.com/title/9780133833034 参照）。アナリストはここから時系列で各意見の量を視覚化できる。

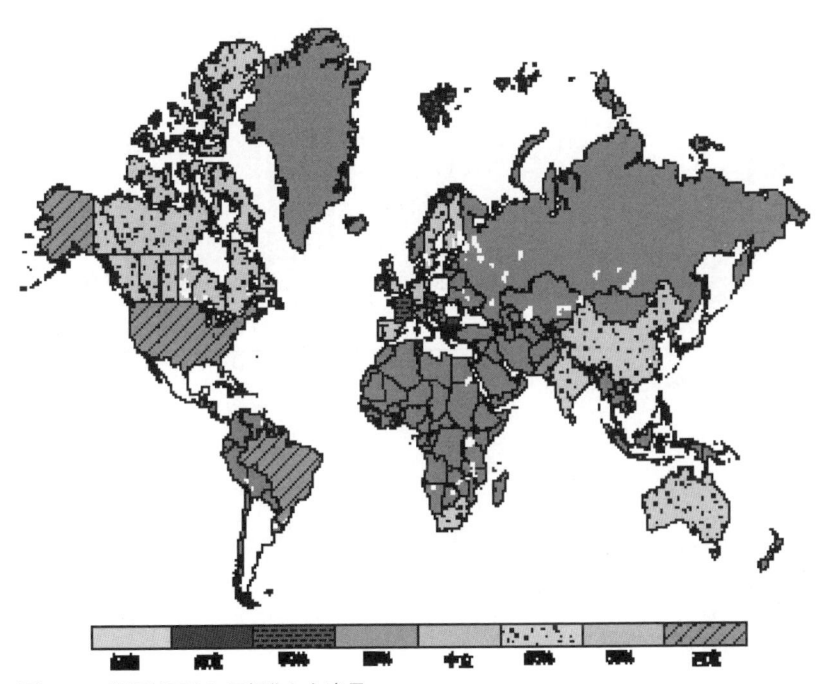

図 2-1　世界地図上に可視化した意見

　エンタープライズソーシャルパルスは、まず英語の意見分析からスタートしたが、将来的には英語以外の言語の分析も計画している。これまで、エンタープライズソーシャルパルスが分析するデータは「受動的に」収集されており、社員の個人的なソーシャルプラットフォーム利用に限定してデータを収集している。今後、ソーシャルネットワークを利用した「ミニ世論調査」によってさらに積極的にデータを収集し、現在ソーシャルプラットフォームから収集しているデータを補完していく計画だ。

　Stela Lupushor(Workforce Analytics Leader)は、エンタープライズソーシャルパルスの重要性についての質問に、「社員の声を聞き、すべてのチャットを理解して洞察を集め、企業内の決定に影響を与えるソリューションがあれば、そして会社が社員の声を聞きたがっていることを社員に伝えることができれば、ワークフォースを改善する好循環サイクルを作ることができる」と答えている。

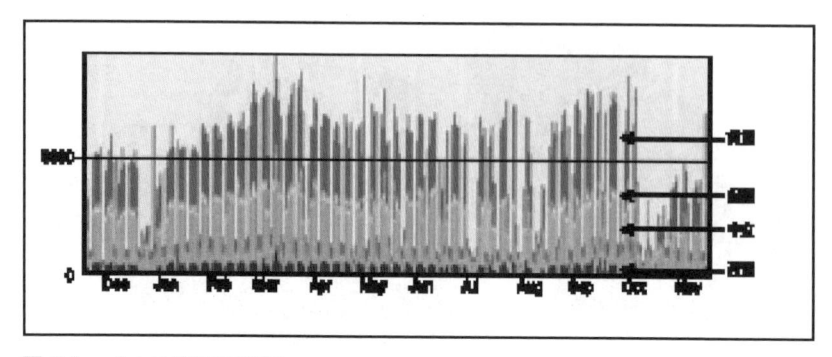

図 2-2　人々の意見の可視化

教訓

「**成功の度合いを測定する**」――Ferrar はかなり早い段階で、ハードな測定指標とソフトな評価指標の両方を用いて進捗度を評価することの重要性を知った。先を見越した人材定着プロジェクトは ROI 測定によって成功度を評価した好例である。

「**意見分析の精度は人の言語のニュアンスに沿って持続的に高めていかなければならない**」――人間とコンピュータの対話は進歩したが、言葉の使用法についてはコンピュータが人から学ばなければならないことが多い。特に皮肉やユーモアをアルゴリズムで検出することは難しい。ソーシャルメディアに使用される非構造化データは、多様なスペルミスの他、省略や顔文字などの特殊な表現を含んでいる。意見分析における明らかなエラーの修正は、手作業から機械学習へと移行することが望ましい。

「**ソーシャルメディアへの参加は比較的新しい行動である**」――特に一部の人口セグメントでは広範かつ集中的なソーシャルメディア行動が欠如しているため、エンタープライズソーシャルパルスの測定も滞りがちである。測定結果が常に組織の人口統計を代表しているとは限らない。

「**価値が生まれるのは洞察を得たときではなく、行動したときである**」――レポートや洞察を創出する他のアナリティクスプロジェクトと同様、大きな価値が生まれるのは洞察に基づいて行動したときである。

「**今日手にしているデータから推察した関係性は、明日収集するデータには**

見つからないかもしれない」——特にソーシャルメディアの意見は他の多くのデータに比べて寿命が短い。突然新しいトピックが出現し、一夜にして意見が変わることもある。

「安価で高速なプロセッサーとストレージの出現がビッグデータ分析を可能にした」——ソーシャルメディアから得られる大量データの意見分析は、数年前には現実的でなかった分析手法の好例である。

「アナリティクスから価値を引き出すために、その技術を詳しく理解する必要はない」——エンタープライズソーシャルパルスの簡易プログラムにより、社員は30日間チャット履歴を利用できる。これはその仕組みを知らなくても意見分析の恩恵を得られるという好例である。

「多くの場合、迅速な実行は完璧な実行に勝る」——人事部門は段階的に仕事を進めることで早くから価値を獲得し、時間をかけて技術を向上させていった。段階的に仕事を進めることのもう一つのメリットは、早い段階で認知度を高められることだ。ただ、これは期待管理とのバランスを取る必要がある。先を見越して人材引き留めるためには、80％の正確さであっても、モデルによるリコメンドに基づいて行動することが大切だ。離職後に離職を予測できても意味はない。エンタープライズソーシャルパルスは実験段階にあり、継続的に改善がなされている。

「9つの手段を活用することが大切である」——第1章で取り上げたように、9つの手段を上手に利用できる組織は、データとアナリティクスから大きな価値を引き出せる[12]。IBMの人事部門は、データからの価値創出を可能にする9つの手段をすべて活用している。先を見越した人材定着プロジェクトについて考えたとき、「使用可能化」レベルでは、ビジネスに与える効果は示されており、「価値の源泉」が理解される。そして、人事部門はビジネスに与える影響を測定できる。

分析ソリューションは、要件に応じて、いくつかの標準「プラットフォーム」上で稼働する。「推進」レベルでは、MacDonaldとFerrarが人事部門にデータとアナリティクス利用の「企業文化」を創り出した。さらに人事「データ」は管理とセキュリティのためのプロセスを持つ。人事部門は組織に自信を持ち、「信頼」を示す。「拡大」レベルでは、ワークフォースに関する洞察を収集するアナリティクスアプリケーションをサポートする「スポンサーシップ」が存在する。人事の「投資」モデルは、アナリティクスプロジェクトに対して財務上

の厳格さを持つ。人事部門はアナリティクスの「専門知識」を持つチームを開発し、9つの手段は効果を挙げている。人事部門はデータから既に価値を得ており、将来さらに新たな価値を追加できる準備ができている。

第3章

サプライチェーンの最適化

> 「担当者が進んでツールを活用し、プロセスの一部に組み込むのでなければ、そのツールは単なる『楽しみの数学』にすぎない」
>
> Donnie Haye, Vice President, Analytics, Solutions and Acquisitions, IBM Integrated Supply Chain, IBM Corporation

取り組みの方向性：
アナリティクスをサプライチェーンに適用する

　過去10年にわたってIBMは自らの変革を成功させてきたが、ISC（Integrated Supply Chain）がその成功の中心的な役割を果たした組織である。このIBMの変革の多くの部分は、全世界共通のプロセスを確立することによって冗長性を排除し、成功事例を共有することで効率を上げていく、という戦略に基づいていた。

　ISCがリードし、調達、製造、フルフィルメントなどの中核オペレーション全体にわたる統合プロセスを、複数国家に点在する組織を寄せ集めた企業から、真に統合されたグローバル企業へと変化させた。ISCは2001年に、市場シェアを伸ばし、収益を増やし、キャッシュフローを向上させ、顧客満足度を高めるようなサプライチェーンを実現するための組織として設立された。

第3章 サプライチェーンの最適化

　ISCによるサプライチェーンの改革が、大幅なコスト削減をもたらし、グローバルな能力を育成し、中核となる業務プロセスの効率を向上させることに成功したことにより、この組織の影響範囲は拡大していった。IBMのISCの責任の範囲は、一般的な大企業のサプライチェーンの責任範囲よりも広範にわたる。計画、調達、生産、納品および返品といった従来の責任範囲に加えて[1]、ISCは、すべての取引に関する販売前サポートから現金の回収の責任までも担っている。

　さらに、典型的なサプライチェーンでは製品生産および在庫管理（IBMの場合はコンピュータ製品）を取り扱うが、ISCは、それに加えて、すべてのソフトウエア、技術サービスおよび業務委託サービスの「案件発掘から契約締結まで」も担当している。

　この「案件発掘から契約締結まで」とは、クライアントへの販売の機会が最初に特定されたときに開始され、注文を獲得した（または失注した）ときに終了する販売プロセスである。図3-1は、ISCの役割の拡大の経緯を示したもの

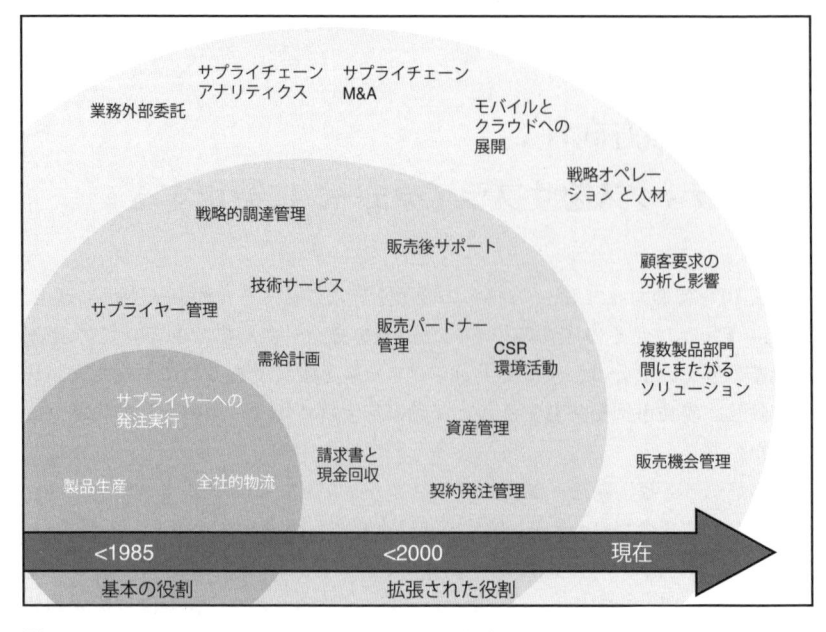

図3-1　IBMのISC(Integrated Supply Chain)組織が担う役割の変遷

である。

■内側の円は、生産、サプライヤーからの調達および物流という、サプライチェーンの中核的機能を示している。
■中央の円は、販売前サポートおよび現金回収、ならびに協力会社との業務手続き、送り状、現金回収および契約管理などの機能を含むように拡大したISCの責任を示している。
■最後に外側の円は、販売機会管理、アナリティクス、ならびにモバイルおよびクラウド技術を活用したサプライチェーンの変革に関連するところまで拡大された最新の責任を示している。

Fran O'Sullivan は 2010 年に ISC の General Manager 就任した後、さらなる IBM 全体のサプライチェーンの水平統合が大きな変革の機会になると気がついた。
また、アナリティクスの観点では、既に 1980 年代からそれを活用したプロジェクト自体は実施されていたが、それらは地域限定のプロジェクトであり全社的に協調したものではなかった。にもかかわらず、O'Sullivan はアナリティクスに強い関心を持つとともにさらなる潜在的な価値があることを見いだした。
なぜなら ISC には非常に豊富なデータがあり、それはアナリティクスの価値を高め、サプライチェーンの最適化を新しい次の段階に牽引しビジネスの業績を改善するものであると確信したからである。そこで全世界すべてのアナリティクスプロジェクトを統括する、SSCA（Smarter Supply Chain Analytics）という新たな組織を設立し、Donnie Haye を Vice President として任命した。アナリティクスを ISC の変革に組み込むことは自然な流れであった。
SSCA のミッションは、アナリティクス戦略の策定、アナリティクスプロジェクトの設計・開発・実施、IBM すべての製品カテゴリーにわたるコラボレーション、ならびにソリューション商品化、販売および導入サポートなどである。SSCA はアナリティクスを用いてよりスマートなサプライチェーンを構築し、飛躍的なビジネス上の利益を実現する。

> 「IBMは、非常に大規模なサプライチェーンを有する会社 ‐ すなわちIBM自身 ‐ を通じて、スマーターコマースの価値を実証している。IBMのISC（Integrated Supply Chain）は、効率性（すなわち、より少ないもので、より多くのことを実現）を推進するためにアナリティクスを活用している。これは、IBMにとって有益であるばかりでなく、得られた教訓は、同様に大規模サプライチェーンを有する顧客にも展開できる」
>
> - David Hill, Principal, Mesabi Group LLC

　IBMのサプライチェーンにおけるアナリティクスは、IBMの業務効率と顧客の体験との両方を最適化するための洞察を得ることを目指している。SSCAは、30以上のアナリティクスアセットのラインナップを構築し、実際にこれらのソリューションを全社の業務に展開することによって、5年間で数百万ドルの改善を達成した。

　ISCが実際に適用した数々のアナリティクスソリューションから、4例についてここで説明する。これらの4例は解決されたビジネス問題の範囲を示すとともに、様々なアナリティクス手法が使用されていることを示すために選ばれたものである。

- ■QEWS（Quality Early Warning System）は、従来の統計的プロセス制御（SPC：Statistical Process Control）の手法よりも何週間も、場合によっては何カ月も迅速に、品質問題を検出し、問題に優先順位を付けることを可能とするソリューションである。
- ■iBAT（IBM Buy Analysis Tool）は、最終製品に関する需要と供給を可視化し分析する機能を提供することによって販売チャネル管理の精度を上げ、特約店が欠品しないために必要な最低限の数量まで在庫を削減可能とするソリューションである。
- ■Accounts Receivable Next Best Action、売掛金回収において必要なリソースを最適化するために、高度なアナリティクスを使用したソリューションである。
- ■サプライチェーンソーシャルリスニングは、IBMのサプライチェーンに影響

を及ぼし得るソーシャルメディア上の情報を監視する最先端のソリューションである。

ビジネス課題：品質問題を早期に検出する

2006年、IBMが自社のハイエンドサーバー上のメモリー部品に重大な品質問題を抱えていたとき、Ross Mauri（当時 General Manager, System PR）はIBM基礎研究所に出向き、その助けを求めた。そこで、IBM基礎研究所数理科学部門の統計学者であるEmmanuel Yashchinに出会った。

Yashchinに提示された課題は、品質問題を検出すると同時に、誤検出の数をできる限り低く抑えるデータ分析手法を見つけるという、相反する目標を含んだものだった。Yashchinは、累積和（CUSUM）といった逐次解析手法をどのように使用すれば、誤検出の数を低く抑えつつ、メモリーの品質問題を検出できるかということについてMauriと討議した[2]。

MauriはYashchinの考えた手法に賛同し、IBM基礎研究所およびISC所属の社員から構成されるチームが結成され、CUSUMはQEWSの基礎技術として採用された。IBM基礎研究所は計算エンジンおよび解説書の作成を担当し、ISCはデータ準備およびダッシュボード機能の作成を担当した。しかしながら現実の品質管理向けソリューションにCUSUMを組み込むには、いくつかの重要な技術課題を克服する必要があった[3]。

■非常に強力な計算能力を必要とした。
■CUSUMを全社への適用に拡大する必要があった。
■データの解釈の問題を克服する必要があった。
■品質専門家がCUSUMを理解する必要があった。

QEWSは、ISCのビッグデータアナリティクスソリューションの一つである。QEWSは上流の部品サプライヤー、IBMの生産工場、そして製品サービスの現場に展開された。そしてこのサプライチェーン全体にわたる無数の場所で発生する、属性情報や数値データを収集し蓄積する。

ビッグデータは4つの「V」によって特徴付けられるという第1章「ビッグデータとアナリティクスに注目する理由」を覚えているだろうか[4]。QEWSデータは、

第 3 章　サプライチェーンの最適化

ビッグデータの 4 つの「V」のうち、「ボリューム（Volume）」および「スピード（Velocity）」という 2 つを持つ。

　品質問題を検出するための確立された手法としては、統計的プロセス制御（SPC：Statistical Process Control）があり、これは統計的な手法である。従来の SPC の欠点は、管理図上の異常発生を検出する条件として Western Electric の決定ルールを用いていることに端を発している[5]。

　例えば、ルールの一つは、センターラインの片側に連続して 8 つの点が打たれた場合に警告を発するべきであると規定している。しかしながらこの警告は、関係する点がセンターラインの近くに位置する場合は有用ではないであろう。

　なぜならば、この種の逸脱は、偶然の結果であるか、傾向があったにせよ取るに足らないという結果になりやすいからである。これとは対照的に、CUSUM アプローチでは、逸脱が何ら深刻な状況を示していない場合には無視される。従って、CUSUM に基礎を置く QEWS は、誤検出の数を低く抑えつつ、早期に品質問題を検出しやすい。

　他の品質問題にも適用可能なのかという疑念に対応する必要を想定して、QEWS の開発チームは他の部門からもこの新しいツールが支持されるための方法を考えた。QEWS のプロトタイプが完成するとすぐに、ツールの利用が想定される部門に対して、かつて対応した非常に難しい品質上の課題に関する履歴データを提供するように依頼した。

　開発チームはその課題が何で、いつ発生し、どのように対処されたのかは知らされない状況で検証を行い、収集したデータを QEWS に読み込ませることによって得られた結果をデータ提供部門と協議した。その結果 QEWS は従来の手法である SPC と比較してより早期に問題を検知できていたであろうことが確認でき、ISC 部門全体にわたりサポートを得られるとともに QEWS に対するニーズがあることが確認できた。

　QEWS は、従来の SPC を使用して検知可能になるよりも、かなり前に品質傾向を特定し、誤検出がほとんどなく、問題に優先順位を付けた。QEWS は、IBM および IBM のサプライヤーが、製品のライフサイクルのいずれの段階においても、品質問題を積極的に検出し、管理できるようにするための機能を提供する。

　また QEWS には、ビッグデータに対して素早くアクセス可能にする効率的なダッシュボードの機能がある。ダッシュボードはカスタマイズ可能で全体を

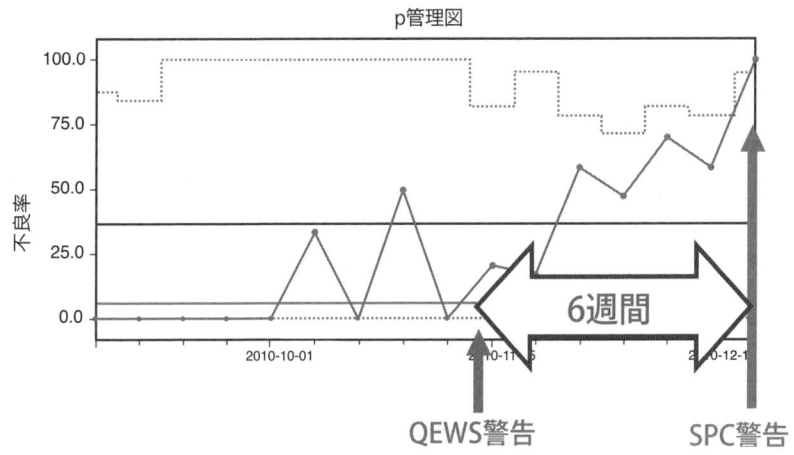

図 3-2 QEWS と SPC が出す品質アラートの比較

俯瞰して表示する機能と、詳細を掘り下げて表示する機能を提供する。

図 3-2 は、QEWS を使用した場合と、従来の SPC を使用した場合の問題の検出時間を比較したものである。図の下部に記載されている QEWS 警告という矢印は、QEWS が問題を検出した時点を示している。図の右部に記載されている SPC 警告という矢印は、SPC が問題を検出した時点、すなわち値が初めて特定の管理限界線を超えたときを示している。QEWS は、累積エビデンス値が、水平の限界線を超えたときにアラートを出すが、これはこの図には示されていない。この例において、QEWS は、SPC よりも 6 週間早く問題を検出した（カラー版は http://www.ibmpressbooks.com/title/9780133833034 参照）。

成果：大幅なコスト削減、生産性の向上、ブランド価値の増大および 2 つの賞を得た

QEWS は、やり直し作業や製品の廃棄を減らすことによって、製造における大幅なコスト削減を実現し、より高い品質を提供することによって、生産部門、技術部門における生産性を向上させ、顧客満足度を向上させることによって、ブランド価値を増大させた。QEWS が使用され始めてから、コスト削減の総額で 1 年当たりおよそ 1000 万ドルの貢献をしていることになる。

IBM は、QEWS を社内で使用した後に、社外で利用可能なソリューションとして提供している。IBM は、QEWS の功績が認められ、2012 年に Information Week から Leading Innovator Award[6]、Institute for Supply Management（ISM）の Award for Excellence in Supply Management という 2 つの賞を得た。

ビジネス課題：需要と供給の可視化とチャネル在庫管理の改善を提供する

　IBM のハードウエア製品の多くは、代理店や特約店を通じて販売されている。IBM が、適正な在庫レベルを維持することは、これらのビジネスパートナーに依存している。数多くの製品があり、ビジネスパートナーごとに販売チャネルがある状況において、製品番号単位でさらに販売チャネルごとの在庫を適切に管理することは、非常に厄介な綱渡りである。

　保有している製品在庫が少なすぎると在庫切れになり、最終顧客は不満となり販売機会を失うことになる。保有している在庫が多すぎると、ビジネスパートナーにとって種々の在庫保有費用が増大し、IBM およびパートナー双方にとって、古くなった在庫を販売するための販促費用がかかり、さらには在庫補償費用が増大する。

　この在庫補償費用の増大は、コンピュータの部品や製品が通常、時間とともに価格が下がっていくことに起因する。IBM は、各販売チャネルのパートナーに対して価格の低下によって影響を受けた在庫に対する弁済を行うという在庫補償費用を負担するのである。

　2007 年、IBM のハードウエア製品事業部門である Systems and Technology Group（STG）では、保守性を改善しつつ、コストを削減するために、販売チャネルにおける在庫管理の改善に焦点を合わせた、ビジネス変革に着手した。現状は IBM にとっても、ビジネスパートナーにとっても最適なものではなかった。

　STG と協力して、ビジネスパートナーの組織、ISC および IBM 基礎研究所は Web ベースでの協業機能とアナリティクス機能を提供するソリューションの開発を開始した。そこでチームは多数の課題に直面した。

　製品のライフサイクルが短い多様な製品群、共通の顧客を扱っている多数の

チャネルパートナー、通常の需要傾向とは異なる最終消費者の季節的なイベントや商慣習に依存した突発的な需要への対応など、多数の課題に直面した。これらの課題に応えるため、IBM基礎研究所チームはミシガン大学と共同で研究を行い、業界初の価格保護契約のための在庫費用トレードオフモデルを開発した[7]。

この在庫モデルは、販売パートナーの需要を推定するオンライン予測モデルによって完成されたものであり、この予測モデルは販売および技術動向データ、例外的な発注に関する情報、製品ライフサイクル上での位置および短期的な注文傾向を使用する。

これらのデータは、多くはサプライチェーンの下流から発生しているもので、ビッグデータの特徴の一つである「ボリューム（Volume）」の特性を持っている[8]。これらの在庫モデルおよび予測エンジンが、iBATと呼ばれる、Webベースの企業間コラボレーションシステムに統合され、これによって、販売パートナーは最新状況の確認が可能となるとともに適切な補充数量が提示され、最適な在庫レベルを維持することが可能となる。

最適化モデルによって計算された適正在庫数は、需要の不確実性と供給リードタイムのばらつきを考慮した上でIBMの推奨する目標サービスレベルを満たす最小限の在庫数となっている。これが、製品番号単位で毎日提供される。

初期プロトタイプの開発が完了したことで、変革の行程の第1段階は完了した。次の段階は実際にそのツールを適用することであった。開発チームは最大規模の代理店の一つと共同で作業を行い、システムの試験を行った。

開発チームは、この販売パートナーがiBATのプロトタイプにログインしてダッシュボードを閲覧し、主要な在庫指標、需要傾向およびiBAT推奨の補充発注数にアクセスできるようにした。この販売パートナーは、示された推奨値が妥当であり、自社の社内システムの提案よりも適切であったため、時間とともにiBAT提案に満足するようになった。

これに加えてiBATは、新製品紹介、製品の移行情報、IBM社内の在庫状況、特約店の在庫など、使い勝手が良い一つのツールとしてはこれまでに提供できなかった情報を表示可能とした。この実証実験の中で販売パートナーは有益なフィードバックを提供し、このフィードバックは、ダッシュボード機能および協調作業機能を改良し、アナリティクスを洗練するために使用された。

さらに健全性を監視するための指標として、提案の順守率、在庫期間、在庫

第 3 章　サプライチェーンの最適化

　回転数、在庫日数などを定義した。図 3-3 は、iBAT が生成した「買い」および「売り」の提案を表示したダッシュボードの例である（カラー版は http://www.ibmpressbooks.com/title/978013 383 3034 参照）。

　矢印 1 は供給過剰を示しており、iBAT に「売り」を提案するように指示している。矢印 2 は、実際の供給を提案された供給と一致させる在庫の「売り」を示している。矢印 3 は、突発的な需要が予測されているために、バイヤーが在庫を 1 週間早めたことを示している。矢印 4 は、売り切れ予測に一致するまで手元の在庫を消費することを示している。

　この段階で、現実の業務へ適用する準備が整った。プロトタイプ段階で得た主要な教訓の一つは、アナリティクスをサポートする業務プロセスの重要性であった。プロトタイプの成功で、ツールおよび関連プロセスに対する信頼が得られたため、販売パートナーが iBAT の提案に従うのであれば従来の制限付き在庫補償から、無制限の在庫補償に拡張するようにと IBM チャネル別の在庫補償方針の変更を STG の幹部は支持した。ビジネスパートナーと歩調を合わせ、正当な理由がある場合には、協力上の例外プロセスを設け、順守と販売チャネル在庫の健全性をモニターした。

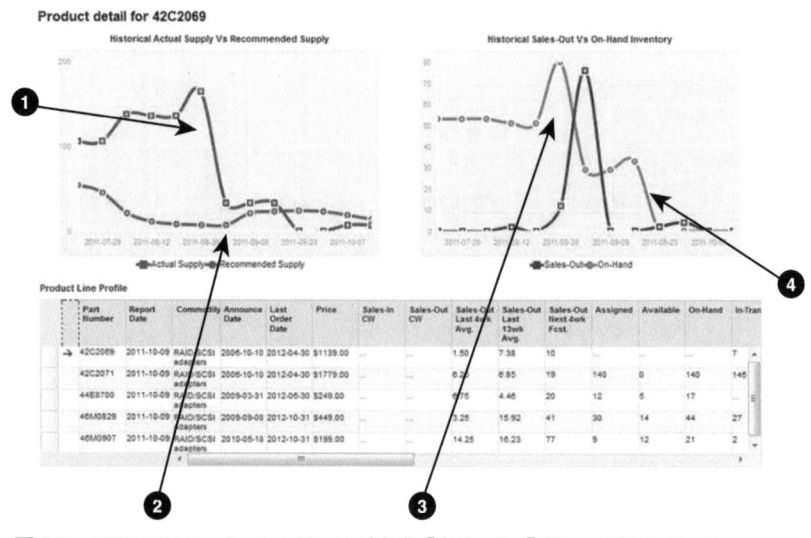

図 3-3　iBAT (IBM Buy Analysis Tool) が出す「売り」と「買い」のリコメンド

成果：価格保護経費の削減、返品の削減、2つの業界賞を達成した

　iBATは大きな成功を収めた。価格保護経費を80％削減し、返品を50％以上削減した。IBMは、社内でこのソリューションを活用して真価を示した後で、iBATを社外でも利用可能にした。iBATは2010年に、「Tech Data 2010 Inventory Optimization Partner of the Year」賞と、「CRN Channel Champion」賞という2つの業界賞を得て、高く評価された。

ビジネス課題：売掛金管理プロセスおよび回収者の生産性の向上を図る

　IBM内での拡張されたサプライチェーンの最適化の一部として、ISCは、売掛金管理業務を効率化する処方的アナリティクスソリューションを検討した。そこで提案されたソリューションは予測的アナリティクス技術と最適化技術を使用したもので、全世界の請求書情報に基づき、そこからスマートで動的で柔軟なルールに沿ってどの売掛金に対してどのような回収措置を採用すべきかを提案する。

　IBM基礎研究所からのアナリティクス専門家と共同作業を行い、チームは、個々の請求書に対してどのような措置を採用すべきかを定めるために、顧客の支払い履歴、IBMの回収措置履歴と、回収措置の結果履歴に基づいて、請求書を細かなグループにセグメント化するソリューションを開発した。

　最適な回収措置の提案は、Markov Decision Process（MDP）という精巧なアナリティクス手法よって導かれるが、これは、対象を回収完了するまでの期間を通じて、長期的な視点で期待される回収金額を最大化するために、その時点時点で採用すべき最も効果的な回収措置を決定するものである[9]。

　さらに、この最適化エンジンは、売掛金回収業務全体にとって最良の結果を達成するために、限られた資源（すなわち回収者の時間）の配分を最適化するのである。チームはこのソリューションを、Accounts Receivable Next Best Action（NBA）と命名した。

　図3-4は、推奨された回収措置によっても進められる、最適化エンジンが見いだしたセグメント間での請求書の動的な推移を示している（カラー版はhttp://www.ibmpressbook.com/title/9780133833034 参照）。

第 3 章　サプライチェーンの最適化

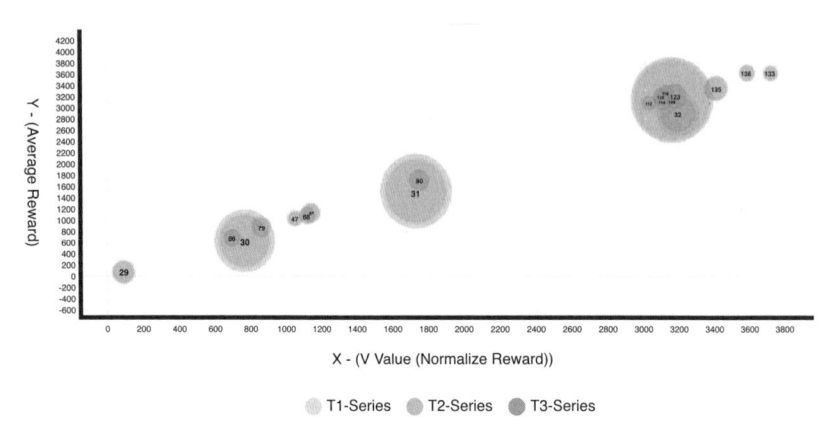

図 3-4　Account Receivable – Next Best Action (NBA) によるセグメント遷移の可視化

　O'Sullivan が説明した実施アプローチに従って、チームはまず、米国中小規模の顧客を担当する部署のためにソリューションを実装した。アナリティクス専門家と実務担当者は、アナリティクスと最適化エンジンを対象の業務プロセスに合わせて調整する改善策を導き出した。NBA ソリューションは最先端技術に基づいているものの、売掛金回収などの複雑な業務処理を完全自動化するには常に、ある程度の人的介入が伴うものである。

　NBA ソリューションでは、「禁止ルール」という形で利用者の業務上の経験と知識を設定することが可能となっている。これらのルールで指定された制約を満たした上で業務を最適化するように、アナリティクスおよび最適化アルゴリズムを利用することによって、現場の担当者が適切と見なせる合理的な範囲内で回収措置を行うように自動化システムに設定することができ、複雑な業務プロセスの完全自動化が達成される。

　アナリティクス担当者と業務担当者は共同で、自動化・最適化と経験豊富な回収者の取引の知恵とをうまく組み合わせるように、これらの業務ルールを慎重に策定した。ツールおよび業務の双方に関する評価指標が、プロジェクトの成功に重要であると認識された。回収者の目標設定を新しい業務およびツールに一致させることが、ツールの利用率と同様、優先して実施する項目であり重要成功要因であると認識された（ツール利用率は、回収者が実行したツール提案の割合と定義される）。

実務担当者、アナリティクス担当者、プロジェクト管理／変更管理の専門家は協力して熱心に作業を行い、新しい業務およびツールを継続的に改善しその範囲を拡大し、生産性を大幅に改善した。

**成果：全回収プロセスを通じたすべての売掛金を
追跡するための可視性が向上し人件費が削減した**

現時点において、プロジェクトは継続して実施中である。利用者の要求に対して継続的に改善するアプローチを取っており、2つの現場の要求に合わせた機能が追加されている。NBA ソリューションは、データが豊富に蓄積されている成熟した領域に焦点を当てているが、データの信頼性が低い未成熟な領域も対象とした価値基準のソリューションでもある。

ここ数カ月間においても、データの視覚化とダッシュボード機能がさらに強化されたことで、回収者の利用が向上した。回収業務全般にわたって全売掛金の状況が把握可能となりより状況を理解しやすくなった。

管理者はより効率的に日々の債務の流れを把握でき、作業負荷とのバランスに基づき、当日に実施する回収者の対象の優先度を付けることができる。

2013年には、NBA ソリューションを使用することによって、人件費の5.5％削減が実現した。

ビジネス課題：サプライチェーンの混乱を予測する

サプライチェーンソーシャルリスニングプロジェクトは、サプライチェーンの混乱を知らせる可能性を持つ、ソーシャルメディア上の意見やトレンドを監視する。このプロジェクトは、IBM 基礎研究所と ISC との間の試験的な共同プロジェクトとしてスタートした。これには、以下の3つの目標が掲げられていた。

- ソーシャルメディアの監視が、サプライチェーンを混乱させる出来事に関する貴重でタイムリーな情報を提供できるか否かを判断すること。
- サプライチェーンに関連する事項に関するソーシャルメディア上の活動が検知可能で、有用な分析が可能であることを証明すること。
- 主要な出来事に関連するソーシャルメディアを監視するための仕組みを構築すること。

サプライチェーンソーシャルリスニングツールは、サプライヤーによるIBMへのサービスの提供や部品の出荷を妨げる可能性がある出来事を見つけるために、ブログ、フォーラム、Twitter、Facebook、LinkedInなどのソーシャルメディア上の情報やニュース記事をモニタリングする。

例えば、関心のある都市から発せられるニュース記事で、停電やストライキなどの単語に注意して監視する。ソーシャルメディアの監視に伴う課題として膨大な量のデータの検査と非構造化データの取り扱いなどがある。

貴重な情報および洞察にたどり着くには、しばしば反復を必要とする。インターネット上の情報源に多数存在する意見を発見するための強力なツールである、IBM Social Medial Analyticsを使用して、チームは、データを収集し、取捨選択して、残ったデータを考察し、選択条件を定義し直すなど、反復して作業を行う。

図3-5は、ソーシャルメディア監視プロジェクトにおけるチームの手順を示している。データ収集後、チームはIBM Social Medial Analyticsを使用してソーシャルメディア上の情報を分析し、情報の断片を作成する。

次に、チームはこの断片を検討する。その後、該当領域の専門家の検討用に報告書を作成する。検討結果に基づいて、チームは次の繰り返し処理を再スタートすることができる。サプライチェーンソーシャルリスニングプロジェクトが、膨大な量の様々なソーシャルメディア上の情報に耳を傾け、ほぼリアルタイムに分析を行うため、扱うデータはビッグデータの3つのV、すなわち、「多様

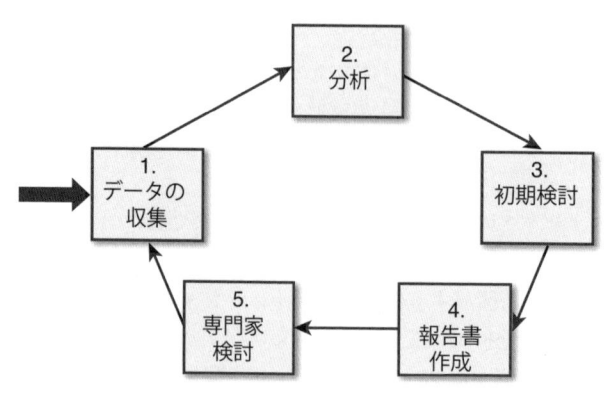

図3-5　ソーシャルメディアアナリティクスのステップ

性（Variety）」、「ボリューム（Volume）」および「スピード（Velocity）」の特性を有している[10]。

**成果：監視する出来事に数が10倍に増加し、
現地語による監視の有益性を証明した**

　ソーシャルメディア上の情報の監視の初期領域の中には、サプライチェーンの社会的責任、社会的不安およびリスクがあった。初期の実験的な段階で得られた主な知見として次の事項が含まれていた。

■経済に関する活動は一般的に、主要マスコミによる記事が最も信頼性があり、最も網羅性があった。
■暴動、デモおよびストライキは、ソーシャルメディアで詳しく取り上げられているが、この情報を見つけるには情報の取捨選択が必要である。
■主要メディアはテーマ分析に最適であるが、一方で、ソーシャルメディアの情報は、量を基にした意見に関する洞察を提供する。

　チームが開始したとき、たった4つの出来事を監視していただけであった。現在では40以上もの出来事を監視しており、この数は引き続き伸びていくと予想している。
　サプライチェーンソーシャルリスニングは、サプライチェーンの混乱に焦点を合わせることから始め、今では市場動向に関する調査業務に対する補助的情報源となるまで、その範囲を広げてきた。チームは使用方法の拡大を模索し続けている。
　例えば、チームは現地語（ポルトガル語）による監視を試み、ブラジルの主要メディアが報告する6日前に、さらに米国の主要メディアでは何も報道されなかったブラジルのある会社での相当な規模のストライキについての言及を見つけたことには驚かされた。

教訓

　「アナリティクスソリューションは、実業務の文脈の中で最も効果的に展開されている」——Hayeとそのチームは、アナリティクスソリューションの開

発および展開を通じて、多くの教訓を得た。Haye は、アナリティクスソリューションが実業務の文脈の中で最もよく機能することを確認した。Cross Industry Standard Process for Data Mining（CRISP-DM）は、アナリティクスプロジェクトの6段階を定義している[11]。

1．ビジネスの理解
2．データの理解
3．データの準備
4．モデリング
5．評価
6．展開

「楽しみの数学」は通常、第4段階および第5段階で実施されるものである。しかしながら第6段階の展開がたった1つの段階であっても、変化が必要だという理由で、非常に取り組みがいがあるものになるであろう。プロジェクトが展開段階で成功しない限り、業務上の成果を出せる可能性は極めて低い。ISCのアナリティクスアプリケーションのほとんどは、これまで展開に成功してきており、業務上の大きな成果を残している。「**統治モデルは、アナリティクスプロジェクトの構成を管理するための鍵である**」——SSCA は、ISC 内のすべてのアナリティクスプロジェクトの優先順位付け、開発および監視に関する厳格で規律ある手続きを有している。

　Haye とそのチームはその経験に基づき、高度なアナリティクスを用いて価値を作り上げるには、変化に対する前向きな姿勢、反復的アプローチ、およびインセンティブの一致の3つが重要な成功要因であることがわかった。これら3つの基準は、プロジェクトの優先順位付けに使用される。次の3つの段落では、これら3つの重要な成功要因を説明する。

　「**変化に対する積極的な取り組みおよび前向きな姿勢を得る**」——SSCA のアナリティクスプロジェクトは、効果的な変革のための「3者同舟」プロジェクトアプローチを利用している。アナリティクスプロジェクトがスタートする前に、業務遂行チーム、業務変革チームおよびアナリティクスチームの3分野からの確約とリーダーシップが要求される。業務遂行チームは、アナリティクス結果を取り入れるために業務の変更の用意ができていなければならない。変

革へのリーダーシップおよび実際に業務を実行している担当者の専門性は数学と同様かそれ以上に大切である。Haye は、10 回のうち 9 回は、実行チームが変化に対して準備の整っている状態であると判断したが、準備が整っていない場合、Haye のチームはプロジェクトを中止する。

「多くの場合、迅速な実行は完璧な実行に勝てる」——従来の IT プロジェクトと異なり、アナリティクスプロジェクトのほとんどは探索的なものである。小さな一歩から大きな目標に繰り返し立ち向かう方が、長大な「ビッグバン」の実施計画を設定するより、はるかに素晴らしいビジネスの成果を生み出すだろう。アナリティクスプロジェクトの反復ごとにフィードバックを受けることによって、結果の正当性が確認でき、次回の反復前に実施すべき調整が可能にもなる。この反復的アプローチでは改善された能力をプロジェクト実施中に示すことができ、経営層からのより強いサポートを得られるとともに、このアプローチは結果を得るまでに必要となる時間を短縮する。

「インセンティブを一致させることはアナリティクスの展開および採用の成功に貢献する」——サプライチェーンの各参加者に説得力のある業務上の利益を設計し、これらの利益をインセンティブの条件に一致させることは、アナリティクスによって得られた結果を首尾よく採用し、展開することに貢献するものである。

これは「3 者同舟」にとって、三方すべてに好ましい状態となる。インセンティブの一致の興味深い例は、iBAT プロジェクトで発生した。取引パートナーとのインセンティブの一致を達成するために、Haye とそのチームは、iBAT ツールからの提案に基づいて価格保護を支払う条件、方法、時期およびその程度を変更した。そのようにして、iBAT ツールのアウトプットは、インセンティブを一致させるために使用されたのである。それぞれ自分の目標を持っている役員がどのようにして、自分の目標と必ずしも一致しない、調整されたインセンティブに同意できるものなのか、疑問に思うかもしれない。ISC の業務および実行担当役員はすべて、通常の業務指標と同様に「顧客優先」指標などについても評価される。従って、彼らは非常にバランスが取れていて、一貫した観点から始めるのである。Haye とそのチームは、システムを設計する際にある特定の要素を最適化することができるが、最適化は常に、顧客が受け入れ可能な即納率やサービス基準順守率など、受け入れ可能な基準の範囲内に属する必要がある。また業務上の変更を展開する前に、行為の影響を試験するために、

what-if 感度分析が実施される。

前記の３つの重要な成功要因に加えて、ISC は、パートナーと連携する価値に関して教訓を得ており、本章の３つのアナリティクスソリューションは、最先端テーマの一つの良い例となっている。

「深いアナリティクススキルを有するチームと連携することで効果が生み出される」——ISC は、アナリティクスソリューションを開発するために、IBM 基礎研究所数理科学部門と長期にわたる良好なパートナーシップを維持してきた。Markus Ettl（Integrated Enterprise Operations Management 部門 Senior Manager）は、1990 年代後半に IBM に入社して以来、サプライチェーンソリューションの業務に従事している。Ettl は、iBAT ソリューションの科学主任およびプロジェクトマネジャーであった。Ettl は、ISC を先進的な考えを持つものと考えていた。また、自身と同じようなバックグラウンドを有する ISC のスタッフと共同で作業を行うことができたので、ISC とパートナーを組むことは効果的であったと考えている。Ettl は、プロジェクトの早い段階で、ツールを展開し、提供を始めた。これは、将来的な道が開けていること、その取り組みに投資する価値があることを経営層に納得させる手助けになった。アナリティクスソリューションは、最終的な完成版の開発までに、改善を繰り返すものなのである。

「アナリティクスから価値を引き出すために、その技術を詳しく理解する必要はない」——QEWS、iBAT および NBA は、アナリティクスおよびその内部の高度な数学を有するソリューションの良い例である。これらの３つはすべて、ソリューション内で使用されるアナリティクスおよび最適化を理解することなく、容易に活用できるダッシュボードを有している。

「９つの手段を活用することが大切である」——第１章で述べたように、９つの手段を利用することに優れている組織は、データおよびアナリティクスから最高の価値を引き出す[12]。

ISC は、組織がそのデータから価値を生み出せる９つの差異化手段のすべてに対して活用した実績を持っている。「使用可能化」レベルでは、ISC のアナリティクスソリューションは持続可能なビジネス価値を実証し、そのプロジェクトにビジネスの結果の測定値を含み、要件に応じてそのアナリティクスソリューションは数々の標準プラットフォーム上で動作することで、「価値の源泉」「測定」「プラットフォーム」という３つの手段を利用している。「推進」

レベルでは、ISC がデータおよびアナリティクスの可用性および使用に関する強力な文化を創り上げ、CIO がサプライチェーンデータの構造およびセキュリティを管理するプロセスを有し、ISC では組織的な信頼が広く行き渡ることで、「企業文化」「データ」および「信頼」の3つの手段のすべてを利用している。「拡大」レベルでは、ISC でスポンサーシップが広く行き渡り、SSCA が資金調達プロジェクトのための強力な統治モデルを有し、ISC が利用可能な高度な技能を有するアナリティクス組織を構築することで、「スポンサーシップ」「投資」および「専門知識」の3つの手段のすべてを利用している。

> 「アナリティクスを使用することによって、知識を習得して、ますます機知に富むようになる。通常は唯一の回答を得るのではなく、幅のある回答を得て、それに習熟し、よりいっそう正確になるまでその幅を狭めていくのである。それはとどめを知らない。反復し、改善し続けるのである」
>
> Fran O'Sullivan, General Manager, Integrated Supply Chain, IBM Corporation

　IBM のアナリティクス変革は ISC と共に開始し、ISC は社内でアナリティクスの主要な利用部門の一つであり続けてきた。ISC 内でのアナリティクスを使用することによって得られた教訓は、他の部門がアナリティクスの道を歩む際に、自信と信頼を提供してきたのである。

第4章

会計アナリティクスによる
将来の予測

> 「結局のところ、我々の成功は、自らの能力を変化させ続けられるかにかかっている。単にデータを収集し、財務報告をまとめるだけでなく、予測的分析や価値ある洞察を提供できる能力や専門性を発揮し、ようやく、我々は信頼されるビジネスアドバイザーの役割を果たせるのである」
>
> James Kavanaugh, Vice President and Controller, IBM Corporation

取り組みの方向性：経理財務部門の価値を高めるビッグデータとアナリティクス

　これまでの経理財務部門は、会計業務の枠組みの中で、四半期決算報告書から年次報告書まで、業績を正確かつ体系的、適時に報告することを期待されてきた。しかし現在、将来を見通すことが、経理財務部門の「DNA」としてより重要になりつつあり、アナリティクスの能力は高く評価されるようになっている。

　今でも、財務報告の作成が主要な業務であることに変わりはないが、自社の将来を先読みできる力が重視されるようになり、経理財務部門により多くの期待が集まっている。経理財務部門は、会計業務にもアナリティクスを適用し、業績向上につながる優れた洞察を提供するよう期待されており、特にCFOの

役割は大きな変革の過程にある。

　経理財務部門は、ビジネスへの洞察（「ヘッドライト」と呼ばれることもある）を得るために、従来にはなかった手法であるビッグデータとアナリティクスを駆使している。この進化により、経理財務部門は信頼できる助言者へと格上げされ、組織戦略に影響を与え、業績最大化のために組織横断で活動するようになっている。アナリティクスは、経理財務部門の主な仕事を予測することへ移行させ、より正確に将来を見通すことを可能にする。

　IBMの経理財務部門の組織は、世界各地の業務を支えるシェアードサービスとして機能している。以前は、個々の事業部門ごとに配置され分散した組織であったが、長年にわたる発展の末、この構造に落ち着いた。組織変革の過程で、アナリティクスがますます重要な役割を果たすようになり、経理財務部門の役割はこの10年間で大きく変化した。

　経理財務部門は、アナリティクスの利用においてIBMの中では先進的なグループの一つかもしれないが、ビッグデータとアナリティクスの潜在能力をようやく活用し始めたところである。これから語る物語は、組織がアナリティクスの価値を活用しながら、どのように変革を遂げ、実現に必要な意識改革を進めて来たかについての話である。

　我々は、この変革の間に多くの困難に直面した。1990年代、経理財務部門は世界各地に分散し、複雑かつ各国固有の会計方針に基づいた業績評価や財務報告のシステムを運用していた。IBMの経理財務部門の社員数は競合企業の倍であったが、事業活動の詳細な報告さえ満足にできなかった。

　さらに悪いことに、報告には非常に多くの時間を掛ける必要があり、熟練した人員の多くが余計な管理業務に関わらなければならなかった。システムが統合されていないことに加え、独自の業績評価システムが増えたことで、データ間での不整合が発生した。1990年代当時の経理財務部門は、事業部門にとってはほとんど付加価値を生み出していない存在と思われても不思議ではなかった。しかし、アナリティクスは、経理財務部門がビジネスに貢献する可能性を切り開いてくれた。

基本を押さえる

　Peter Hayes（Director of Business Analytics and finance IT）によると、この変革の初期の基本的な取り組みの一つは、世界中の経理担当者や予算編成

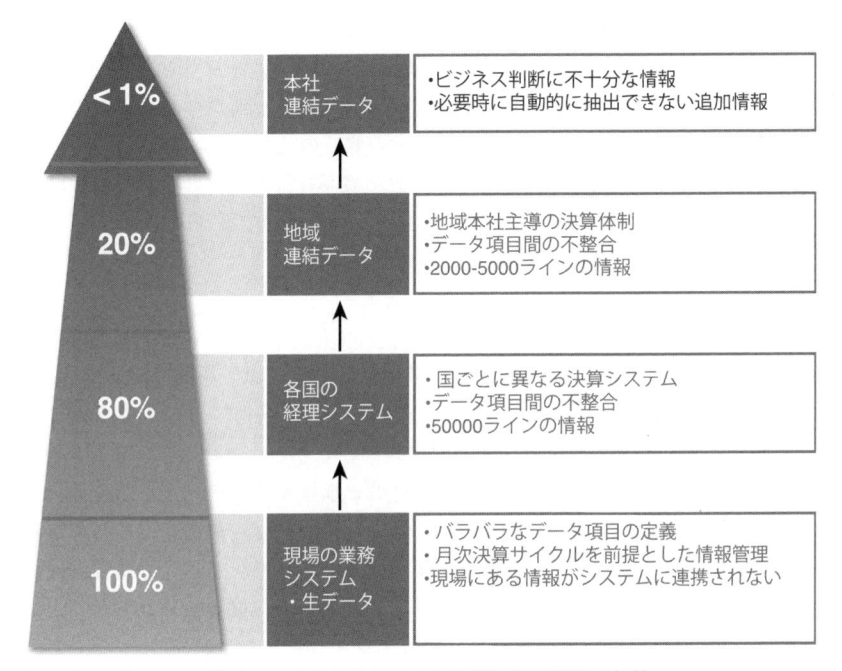

< 1%	本社 連結データ	・ビジネス判断に不十分な情報 ・必要時に自動的に抽出できない追加情報
20%	地域 連結データ	・地域本社主導の決算体制 ・データ項目間の不整合 ・2000-5000ラインの情報
80%	各国の 経理システム	・国ごとに異なる決算システム ・データ項目間の不整合 ・50000ラインの情報
100%	現場の業務 システム ・生データ	・バラバラなデータ項目の定義 ・月次決算サイクルを前提とした情報管理 ・現場にある情報がシステムに連携されない

図 4-1　データの不整合により各統合レベルで生じる重要情報の欠落

担当者が一貫性のある財務データを作成できるように、勘定科目を統一したことであった。経理財務部門の変革は、プロセスやシステムの共通化、データの標準化など極めて基本的なことから始めなければならなかった。その後、予測的アナリティクスや処方的アナリティクスは、この土台の上に構築され、最適化されることになる。重要なのは、アナリティクスを使い始めるのに必要な「完璧なデータ」がそろうまで待つのではなく、既に利用できるデータから少しでも価値ある情報を得ようとしたことであった。図 4-1 は、各国単位で収集されたつじつまの合わないデータが、いかに IBM 全体での業績の把握を難しくしていたかを示している。

　経理財務部門がどのようにアナリティクスを使い始めたのかを聞かれても、答えるのは難しい。経理財務部門は、もともと長い間、その業務の性質から分析を実施してきた。我々は、新しいデータやコンピュータの力を利用できるようになり、アナリティクスを自らの業務で利用することで、昔から続けてきた

物事を定量的に測るという特性をさらに強くした。

2013年の「アナリティクス：事業価値を生み出すブループリント」で発表された調査では、戦略、テクノロジー、組織体制を正しく連携させることの重要性を強調している[1]。経理財務部門は、その変革の過程において9つの手段のそれぞれを最大限活用する段階を経て一連の変革を推進した。それらの手段とは、「企業文化」「データ」「専門知識」「投資」「測定」「プラットフォーム」「価値の源泉」「スポンサーシップ」「信頼」である。

アナリティクス文化の醸成

我々は、アナリティクスが積極的に活用される企業風土を醸成するために、多くのことに取り組んだ。2009年、経理財務部門のリーダー層は社内のコミュニティーを通じ、アナリティクスの力に気付いてもらうためのプロジェクトを立ち上げた。これがアナリティクスの利用を推進する「Finance Leadership Advocacy Group（FLAG）」の発足につながった。FLAGの任務は、経理財務部門全体にアナリティクスを普及させるために、アナリティクスの教育、検討課題の設定、投資の優先順位付けを行うことであった（**図4-2**）。

IBMの経理財務部門は、企業文化の変革を主体的に進め、「アナリティクス指数（AQ）」（http://www.ibm.com/software/analytics/aq/　日本語サイト：http://www-01.ibm.com/software/jp/cmp/analytics/）などの方法を他に先駆けて利用することで、より高い水準を目指した。James Kavanaugh（IBM Controller）は、マネジャー全員にアナリティクスの力を最大限活用する方法を教育することから始め、IBMの経理財務部門の目指すべき未来をはっきりと示した。アナリティクスの活用方法を理解することは、経理財務部門が戦略

FLAGの任務
- ビジネスアナリティクスの普及のリード
- ビジネスアナリティクスの教育と啓蒙
- 普及に向けた課題設定と投資の優先順位付け

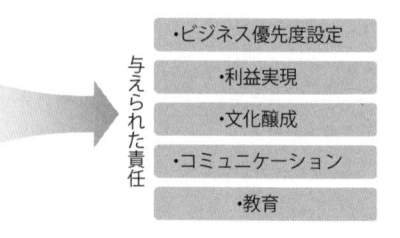

与えられた責任
- ビジネス優先度設定
- 利益実現
- 文化醸成
- コミュニケーション
- 教育

図4-2　経理財務部門におけるアナリティクス普及を推進するFinance Leadership Advocacy Group（FLAG）

策定や業績評価の最前線で活躍できるようになることを意味する。

　大きな投資だが、その見返りは大きい。歩むべき方向は明確であり、教育することで、その歩みは確実なものとなる。これらの取り組みは、より良い成果を出すための非常に現実的な方法である。我々は、アナリティクスに取り組むこと自体を目的としているわけではない。アナリティクスは経理財務部門のコアとなり基礎となる業務なのである。

　決め手となる取り組みは、2012年秋に開催されたイベントであった。世界中の経理財務部門の管理者たちがライブストリーミングのビデオを利用し、半日間の教育コースに参加した。これは、管理者たちがビッグデータとアナリティクスをより深く理解し、最大限活用できるようになるために実施された。このイベントにより参加者は、事実に基づく意思決定をできるようアナリティクスを業務に組み込み、活用し始めた。Carlos Passi（Assistant Controller, Business Transformation）は、イベントに世界中からエキスパートを集め新しい発想が湧くような事例を紹介した。このイベントで盛り上がりをみせたセッションはアナリティクスの活用度合いを測る「AQクイズ」であった。

　Kavanaughは経理財務部門の隅々までアナリティクスを普及させることを、自身のチームに要求し、実現に向け行動するよう呼びかけた。このような経営層の関与と支援は、アナリティクスの活用を成功させるために必要な要素の一つである。それは、データとアナリティクスの投資の戦略的な意味を、数値目標も示しながら明らかにした[2]。その結果、Kavanaughは経理財務部門が目指すゴールに対し、アナリティクスの取り組みがもたらす効果をはっきり表現することができた。IBMの経理財務部門の変革は、業務プロセスの中に事実に基づく分析を取り込み、活用できるようになるまでの道のりを説明するのに非常に役立つ実例である。

　経営層のサポートを示すもう一つの例は、2013年初めに世界規模で開催された経理財務部門のタウンホールミーティングである。Mark Loughridge（Senior Vice President and Chief Financial Officer）は、アナリティクスを利用し、利益を生み出す方法についての革新的なアイデアを考えるよう、世界中の参加者に要請した。出されたアイデアは、イノベーションや業績への貢献、経理財務部門にとっての有用性の観点で評価され、四半期ごとに優勝チームが選ばれた。これは9つの手段のうち、「企業文化」と「スポンサーシップ」の手段を活用したもう一つの例である。

ビジネス課題：業務効率化、リスク管理および情報に基づく意思決定

　IBMの経理財務部門は、3つの分野においてアナリティクスを活用する。「業務効率の向上」「リスク管理」「ビジネス洞察力」の提供の3つである。これら各分野での活用の具体例を説明していく。

支出の追跡：ワールドワイド支出管理プロジェクト
　IBMは世界中の支出を効率的に追跡し、各地域の支出明細まで掘り下げて分析する必要があった。そのために、世界中に散らばるすべての支出管理システムの情報を1カ所に集約する必要があった。

　アナリティクスプロジェクトにおいては、データが大きな課題になることが多い。支出管理プロジェクトでは、経理データは既に帳簿上にあり、これらは信頼できる情報源であった。しかし、データ定義や、帳簿の上で、支出を分類するコードのルールの統一を確実にすることが必要であった。

　データを一元管理するための仕組みには、業績管理の機能を持つソフトウエアの「Cognos」を使用した。難しかったことは、18のキューブを1つのキューブに削減することと、以前に比べてレスポンスを損なうことなく、さらに多くの分析の切り口やデータをその1つのキューブに追加できるようにすることであった。キューブは様々なデータを集約するために、分析の切り口と指標で整理したデータの固まりである。例えば、売上データのキューブは、製品ごと、時間単位、営業地域ごとの様々な切り口を持ったデータを1つに集約したものとなる。そのキューブにより、ある営業地域の、ある特定の四半期の製品総売上を見ることができる。

　チームはこの目標を達成し、残りのキューブの利用を段階的に廃止した。1つにまとめられたキューブは、予測的アナリティクスを実現し、レポーティング項目を統一する基盤となった。このプロジェクトで実現された仕組みは、様々なアルゴリズムや季節性といった要因もさらに追加され、今はIBMの「SPSS Modeler」に移植されている。

　支出管理プロジェクトでは、早い段階からステークホルダーを参加させ、プロジェクトチームは彼らからの賛同を得るために「聞く」というシンプルな方

法を選んだ。チームは、十分な時間をかけて質問し、ステークホルダーからの回答を注意深く聞いた。「最も重要なことは何なのか」「何が不足しているのか」「もっと成果を上げるために何が必要か」。

ディスカッションを通してチームは、今まで足りなかったものを理解し、その実現に目を向けた。しかしチームはそこでとどまることなく、今度は実際に分析するスタッフにも同様の質問をした。他のアナリティクスプロジェクトと同様に、チームは分析結果を利用する側の目的と、その分析をする側が要求されていると思い込んでいることとの間に矛盾があることに気付いた。

また、現在実施されていることと、なぜそれが実施されているかの理由についても食い違いを発見した。例えば、あるスタッフが「我々のCFOがその帳票を必要としているので、これを作らなければならない」と言い、チームがそのCFOのところに行くと、CFOは「そんなものは今まで見たことがない。何に使われるのかも分からない」と言った。チームは、時間の経過と共に思い込みがプロセスの中に定着してしまったことを理解した。すべての関係者の話を聞くこと、必要なデータと分析機能をすべての階層が理解しているかを確認すること、プロジェクトで実現することとその計画をはっきりとさせることが、プロジェクトの成功にとって最も重要であった。プロジェクトを進める中で、主なステークホルダーは、プロジェクトの状況についてうまく行っていることも、そうでないことも含め報告を受け、必要に応じ計画を軌道修正した。

支出管理プロジェクトにより、データの基盤が整ってくると、他のアプリケーションでの基盤利用の取り組みも進められた。ある1つの要望は、社員数のレポートを世界同一形式で出力するというものであった。信頼できる情報源から抽出されたデータは、統一された定義に基づき、管理に必要な他の数値と結び付け活用できるようになった。次のステップは、予測的アナリティクスのために、このデータ基盤を活用することであった。これは、支出を予測する方法を大きく変えた。

支出管理プロジェクトの「予測」の部分は、支出の見通しを立てることであった。こうした見通しは短時間に用意することが求められ、1～2日以内ということも多い。このスピードを実現する上で、アナリティクスチームは優秀なアナリストから使っている技法を聞き出した。その調査で優秀なアナリストの多くが単純な回帰分析を使用しており、過去の業績から将来を予測していることが分かった。

第4章 会計アナリティクスによる将来の予測

　アナリティクスチームは回帰分析の手法をモデルに含め、新しい方法（全部で16のアルゴリズム）を追加し、特定の予測には適切なアルゴリズムをアナリストに推奨する機能も追加した。支出管理の仕組みは、これら16のアルゴリズムを数秒で処理し、これまでよりも多くの方法をアナリストに提供する。慣れ親しんだツールでより洗練された分析方法を提供し、アルゴリズムの推奨や結果を比較できるようにしたことは、新たなツールへのユーザーの信頼を得るのに役立った。

　また、新たな仕組みの受け入れにおいては教育が重要な役割を果たした。このモデルでは予測に影響するような重要な事象があった場合、アナリストはモデルの要素を上書きすることができた。導入当初は、アナリストがモデルの各要素を上書きすることが多かった。このことは、予測に影響を与える重要な事象とは何だったのかを学ぶのに、チームがアナリストと関わるきっかけとなった。その関わりの中で、チームはアナリストがアルゴリズムを理解していないために、以前の方法に逆戻りする場合があることに気付いた。

　アナリストが古い方法に戻ってしまう理由は、今までの慣れた方法を説明する方が容易であるし、予想を説明する際、単に「モデルがそう示しているから」と上司に伝えることに抵抗があったからだ。しかしアナリストは一旦アルゴリズムを理解すると、モデルを信頼し、結果を管理者層に提示する際、以前より自信を持つようになった。

　その後、モデルの要素を上書きすることは少なくなり、モデルは予測プロセスで活用されるようになった。この例のアナリストは、今までの方法に満足していたため、変更するよう求められた際には、他のユーザーよりもさらに深く技術やアルゴリズムを理解しなければならなかった。第3章「サプライチェーンの最適化」に記載のユーザーは、基本的なアナリティクス技術を理解せずとも、組み込まれたモデルを極めて効果的に使用したが、それとは対照的である。

　チームは、体系的なアプローチを使って様々な方法で進捗を評価した。プロジェクトの「予測」の部分について、経理財務部門は、モデルが少なくとも以前の方法と同様に正確であることを確認した。それにより、アナリストの時間をより深い洞察のためのさらなる分析に充てることができるようになった。また、管理者層に対しては、「以前よりも良い情報を入手できるか？」という簡単な質問により評価をしてもらった。

成果:より効率的かつ効果的な支出の予測

　ワールドワイド支出管理プロジェクトは、支出に関する経営的判断をする上で必要な全社的視点を提供した。このプロジェクトは今後に続くアナリティクスへの取り組みに必要なデータ基盤になる。また、予想外の効果として、支出管理ソリューションの導入により業務プロセスが簡素化され、経理財務社員の定着率が改善したのである。予測モデルやアルゴリズムの開発、アナリティクスの利用や影響の分析、ビジネスに対する洞察の提供などの仕事は、優秀なアナリストや能力の高い人材を引き付ける。この種の仕事はデータを収集して報告書にを埋めるだけの仕事よりも、ずっと興味深い仕事であると言える。

各国での法定報告要件への対応:アクセラレーテッドエクスターナルレポーティング(AER)システム

　170カ国以上で事業を展開する上での課題の一つは、各地域の税務および法律上定められている報告要件の順守である。経理財務部門は、連結会計、報告、分析に必要なデータを世界共通システムで収集すれば、リスクを軽減しつつ、生産性と正確性が向上することが分かっていた。この仕組みによりIBMは、米国会計基準(GAAP)から世界各国で法律上定められている報告基準(共通の土台として国際財務報告基準「IFRS」を使用)への変換を自動化し、外部報告にXMLベースの共通言語XBRLを利用するなどの規制変更にも積極的に対応できるようになった。

　その他の多国籍企業と同様に、IBMでも米国以外の国での外部報告に不備があれば、罰金や株価下落につながる恐れがある。AERシステムは、米国外での事業の各国固有のルールと要件すべてに対応している。また、そのシステムは財務報告の構成要素をすべて管理し、ルールを正しく適用させ、明確かつ正確な外部報告を提供する。

　IBMの経理財務部門は、AERシステムを利用し、大幅な生産性の向上を目指している。このシステムも世界支出管理システムと同様、共通プロセスと共通システムにより、複数のシステムやスプレッドシートに分散したデータを手作業で多大な時間をかけて調整する手間を減らす。

　AERソリューションには、IBM独自の技術も利用されている。データ統合には「Cognos TM1」を、社内の管理資料の標準化には「Cognos Business Intelligence(BI)」を、外部への正式な報告には「Cognos Disclosure

Management（CDM）」を利用することで、チームはIBMのソフトウエア製品開発と市場拡大に貢献した。

　IBMのAERソリューションは、データ収集、分析用データの管理、レビューと承認機能、開示準備と配信の機能を持つ。これにより経理財務部門は、税務報告や法定開示のためのデータ収集や、GAAPから各国での報告基準への変換が可能になる。現在、経理財務は集めたデータを組み合わせて仮説シナリオを実行できる。また、データウエアハウスにドリルダウンできるようにすることで、より詳細な情報を把握できるようになった。この仕組みは、今もIBMで使用されており、顧客への提供も可能になっている。

成果：法定および税務報告の効率化とアナリティクスの利用

　この例はIBM内部のプロセスを改善しただけでなく、IBMの顧客が税務および法定報告にこれらの仕組みを利用できるようにしたことで、IBMに大きな利益をもたらした。この仕組みは、法定および税務の両面でデータ収集と外部報告を効率化する。アナリストの業務をデータ収集から、洞察を得るためのデータ分析に変える。手作業や一貫性を欠いたデータの収集をなくし、データを深く掘り下げることも可能になった。このようなことは、各組織が持つスプレッドシートにデータが分散しているような状況では実現できなかったことである。法定報告のための人員、コンサルティングおよび監査の費用を年に数百万ドル節約する可能性を持っている。

ビジネス課題：リスクと報酬のバランス

　複数の国で事業を展開するグローバル企業は、投資先、資本の割り当て方法、異なる地域での資金管理方法を決定するために、いかにして情報や発生する事象を網羅的に把握したらよいのか。170カ国以上で事業を展開するIBMも、このような課題に直面している。変化する世界市場を把握し、見通しを得ることが必要であった。

カントリーファイナンシャル・リスクスコアカード（CFRS）

　IBMは、各国の業績を詳しく把握するため「カントリーファイナンシャル・リスクスコアカード（CFRS）」を構築した。これは「SPSS Modeler」を利用

する自動化されたツールと手続きから構成されている。目指したことは、次の3つである。

■ IBMが運営する様々な国の財務リスクを定量化し、優先順位を付けるための統一されたアプローチ、ツール、方法を提供する。
■ 世界各国のユーザーが共有できる統一・統合された実用的な基盤を用意する。
■ ツールの持つ統計の機能を活用し、我々の分析能力を向上させる。

CFRSは、ビッグデータとアナリティクスを用いて、4つのカテゴリーのリスク・業績指標から洞察を与えてくれる。そのカテゴリーは、経済指標、財務または株主価値指標、流動性指標、リスクリワード指標である。CFRSは、通貨変動、規制の変化、社会経済状況、成長パターンなどの数百のマクロ経済の動きを監視する。

図4-3は、リスクスコアの評価に使われる情報の種類を示す。このスコアカードを使用して、IBMは各カテゴリーの指標について過去からの動きを調査し、その情報を予測分析、シナリオモデリングおよびストレステストに利用してい

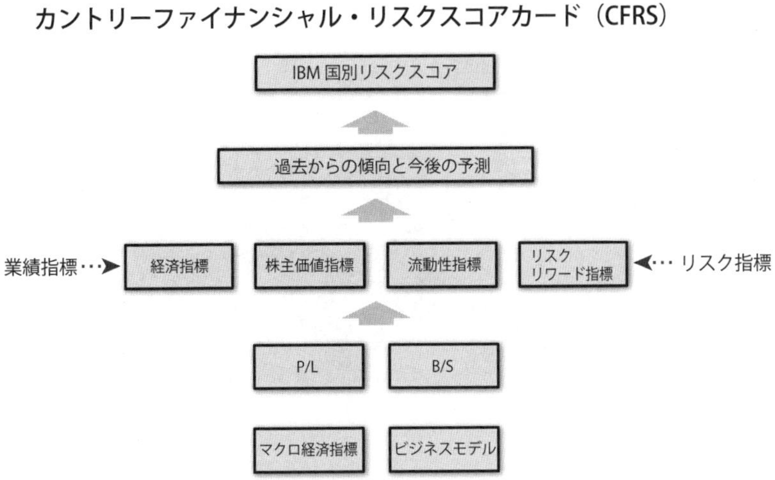

カントリーファイナンシャル・リスクスコアカード（CFRS）

図4-3 ビッグデータとアナリティクスを利用してリスクを評価するカントリーファイナンシャル・リスクスコアカード（CFRS）

第 4 章　会計アナリティクスによる将来の予測

る。この洞察により、経理財務部門は、投資の優先順位付け、資本の割り当て、資金管理について、詳細な情報を得た上で意思決定を行うことができる。

　CFRS には IBM の技術が利用されている。IBM の国別のリスクスコアの計算には「SPSS Modeler」が使用されており、すべての入力情報を統合し、数学的なアルゴリズムを適用した上で各カテゴリーのスコアを算出する。こうしたリスクスコアの平均が総リスクスコアとなる。将来のリスクスコアは、向こう 3 カ月に対して予測した時系列データを用いて算出される。

成果：カントリーファイナンシャル・リスクスコアカード（CFRS）は ビッグデータを使用して、各国の動向をモニタリングし、リスクを軽減

　CFRS は、170 カ国のリスクに対してほぼリアルタイムの見通しを作成し、我々に非常に価値のある情報を提供してきた。図 4-4 は、ある時点での財務リスク評価に基づくサンプルアウトプットを示している。色の濃淡で、その時点におけるリスクの大きさを可視化する（この図のカラー版は、Web サイト http://

図 4-4　ある時点での財務リスクを視覚的に表示するヒートマップ（例）

www.ibmpressbooks.com/title/9780133833034 参照)。

本プロジェクトは「CIO Magazine」に認められ、イノベーションとリーダーシップの観点から評価され、2012 年「CIO 100 Award」を受賞した。重要な成果につながる 1 つの事例が作られたのは、このモデルが不安定な国への投資による為替差損リスクを予測した時であった。IBM は、その影響を減らす手を打ち、リスクを回避することができた。

ビジネス課題：買収戦略の検証

他社買収の可能性の特定と買収後の統合の支援は、IBM の成長戦略にとって重要な要素である。IBM は 2000 年～ 2013 年の間に 390 億ドルを買収に投じた。例えば、ビジネスアナリティクスの分野の事業を強化するため、2005 年～ 2013 年だけでも 170 億ドル以上を費やしている。

M & A アナリティクスプロジェクト

M & A アナリティクスプロジェクトは、多くの買収候補の中からどの買収の成功確率が高いかを予測するため、過去の経験から学ぶことを目的に開始された。Paul Price（Director of Mergers and Acquisitions Integration）は、次のように述べている。「これはビッグデータを利用しているわけではない。ごく平均的な量のデータに対し、非常に高度なアナリティクスを用いて、ポートフォリオ戦略の将来のリスクを予測するものである」

他の投資と同様、買収においても費用と実現する収益を詳しく説明した事業計画が求められる。ビジネスモデルの矛盾、企業文化の衝突、統合の遅延など様々な理由が買収後の事業計画の達成を妨げる。買収を実行する前に買収がどのような結果になるのか、ある程度見通しが立つのであればリスクを管理し、買収の成功確率を上げることに役立つかもしれない。ここがアナリティクスの出番となる。

買収は、IBM が提供するソリューションの幅を広げ、新市場に進出する上で重要な手段となる。今では、IBM は買収候補を特定し、買収後の企業統合を支援するためにアナリティクスを活用している。対象候補が特定されると、投資価値の評価のために 18 種類の特性で買収候補が評価される（18 種類の特性による評価例は図 4-5 を参照）。買収戦略の実現にアナリティクスを利用し

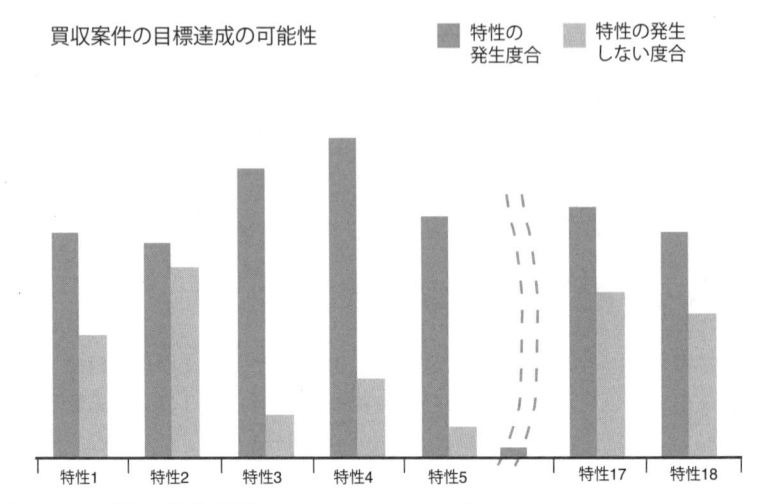

第 4 章　会計アナリティクスによる将来の予測

買収案件の目標達成の可能性　　■ 特性の発生度合　　■ 特性の発生しない度合

図 4-5　18 種類の特性を評価する M&A アナリティクス

たことは IBM にとって大きな転換点であった。アナリティクスは、投資価値の高い候補の絞り込みに役立っている。

成果：M＆A アナリティクスが買収の成功率を改善

　IBM は過去の買収から学んだことを生かして買収が成功する可能性を予測してきた。2010 年以降、M＆A アナリティクスプロジェクトへの投資は大きな価値を生み出しており、IBM の買収による成果は同業他社より一歩抜きん出ている。

　M＆A の領域は変化が激しいため、M＆A アナリティクスモデルは今後も新しい買収のデータを取り込みながら改善され続けていく。M＆A のパターンは時間と共に変わっていくため、通常の「繰り返し、学び、改善する」進め方は、ここでは適用できない。このモデルは選択肢を評価し、意思決定（単に A か B かではなく、A と B の間で最適化）を助ける。

　モデルは、IBM の提供するソリューションや製品を補完するために、既存製品を活用するのか、外部から買収するのかの検討を支援し、企業戦略の実現に貢献する。モデルが作成した情報を基に、専門家は解釈を加え、アドバイスを提供する。また専門家は、買収の成功確率を上げるための特性は何かを理解す

るために買収後の経過も追跡する。

　Priceは「潜在能力を発揮するような人たちは、財務だけの専門家でもアナリティクスだけの専門家でもなく、その両方を理解する人たちである。仮説設定、データマイニング、データ可視化を行い、創造力を発揮しながら経営課題を解決できる人たちである。これらを学ぶには時間がかかるが、投資価値は十分にある」と述べている。Priceは、しっかりとした知識の土台を作るため、アナリティクスの知識だけでなく、理論を学び、様々な要素をどのように組み合わせれば最適化できるのかに熟達することを勧めている。

スマーターエンタープライズイネーブルメント（SEE）の取り組み

　「スマーターエンタープライズイネーブルメント（SEE）」は、一つのシステムに、データ、業務ルール、分析モデルを統合する取り組みである。戦略的計画策定プロセスにおいて、業績の向上に役立てるためにアナリティクスを活用することは経理財務部門にとって大きな挑戦であったため、IBM基礎研究所がその導入を支援した。

　SEEプロジェクトの目的は、異なる事業組織にまたがった計画策定業務の連携スピードを向上させ、アナリティクスから得た洞察をビジネスの意思決定に生かし、経営目的の達成に注力できるよう、管理者層を支援することである。

成果：SEEプロジェクトは、計画策定プロセスを変革し、その斬新なアプローチを特許申請に結び付けた

　SEEツールにより、ユーザーは仮説シナリオを設定し、ビジネスに及ぼす影響のモデル化と分析ができる。分析モデルがあることで、仮設シナリオを迅速に評価（手作業での計算よりも、はるかに短い時間で済む）できる。例えばユーザーは、収益シナリオを設定し、見通しを立て楽観的か現実的かを選択する。SSEの機能の中には、感度分析や不確実性分析なども含まれている。

　SEEは業務処理とその結果である会計との連携を強化することにも役立つ。「Enterprise Transformation: An Analytics-Based Approach to Strategic Planning」では、これらのモデルが説明され、アナリティクスを徹底活用し、計画策定プロセスを変革するための能力開発についても記載されている[3]。SEEプロジェクトでの成果と経験は、多数の特許出願につながった。

IBM 経理財務部門の次なるステップ

　IBM 経理財務部門にとって次の変革は、組織のアナリティクス指数（AQ）を高めることである。AQ とは、洞察力を磨き、意思決定に影響を与え、プロセスを自動化するために、アナリティクスを活用する準備がどの程度できているかを測るためのものである。IBM の経理財務部門は、より高い AQ レベルを達成するために 2015 年の AQ 目標を設定した。この目標は、組織がステージ 3（リーダー）またはステージ 4（マスター）を達成していると認識する人の数を 2015 年までに 90％にすることである。**図 4-6** に描かれた発展のステップは、アナリティクスによって後押しされており、経理財務部門はいつでもその力を発揮できるよう準備している。

　Doug Dow（Vice President, IBM Business Analytics Transformation）は、経理財務部門のチームがアナリティクスを使用し、それを業務の一部として定着させる取り組みは、他の部門にとって素晴らしい手本になると見ている。Dow は「アナリティクスはビジネスを行うための方法であり、単なる技術の組み合わせではない。IBM の経理財務部門は、このアプローチを単なる効率化の手段としてだけではなく、利益を生み出すための手段としても活用してきた」

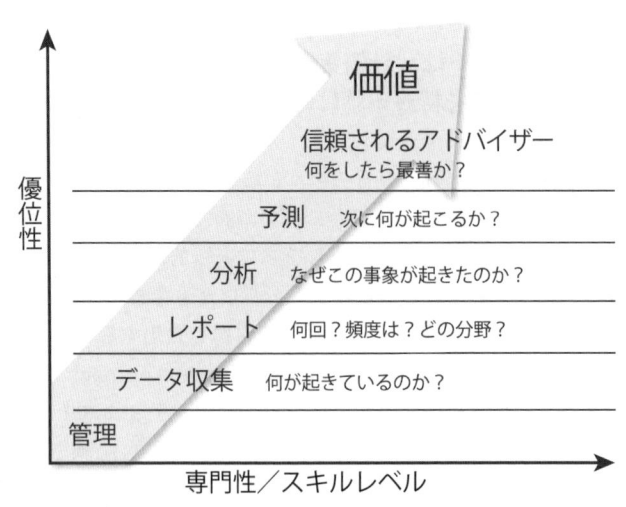

図 4-6　ビッグデータとアナリティクスにより進化する経理財務部門の役割

と述べている。

教訓

「**変革には幹部の強力なサポート、明確な目的、測定可能な目標が求められる**」——幹部の強力なサポートと、ビッグデータとアナリティクスの可能性に気付き理解するための投資は、経理財務部門の意識改革実現のために極めて重要である。

「**効果的な変革では、データ、プロセス、ツールに重点を置くことが必要である**」——変革は困難で、正しく行うためにはデータまたはツールだけでなく、プロセスも重視しなければならない。この3本の柱からなるアプローチは経理財務部門にとって非常に有益であった。Peter Hayes が「決して終わることはない」と語っているように、変革は成果を得るために、それに専念する人材を必要とする継続的な取り組みである。アナリティクスは意思決定そのものに関わるため、導入を進めるためには、その利用者の巻き込みが不可欠である。

「**アナリティクスを利用することは、耐監査性と説明責任の向上につながる**」——アナリティクスを使用することで、意思決定プロセスがより構造化され、繰り返すことが可能になり、意思決定者に依存していた偏りが少なくなる。人々が異動により立場を変えても、物事は同じやり方で行われる。過去にどのような分析が行われ、意思決定に至ったのかを振り返ることができるわけである。

「**9つの手段を活用することが大切である**」——「アナリティクス：事業価値を生み出すブループリント」で概説し、第1章「ビッグデータとアナリティクスに注目する理由」4で説明した9つの手段の3レベル（使用可能化、推進、拡大）すべてに、経理財務部門は積極的に関与してきた。経理財務部門は、「使用可能化」でビッグデータとアナリティクスを使用するための基盤を形成して、「推進」でプロジェクトでの導入を通して価値を実現し、「拡大」でアナリティクスを使いこなし価値を生み出せるようになった。M＆Aアナリティクスプロジェクトは、買収を成功させることで非常に大きな価値を生み出した。上記で述べた段階を踏み、9つの手段を強化することで経理財務部門は、アナリティクスの活用と意識改革の実現を画期的な方法で進めてきた。単純にアナリティクスを使い価値を生み出すというだけでなく、経理財務部門がその手段を世界中にくまなく拡大することにより、さらに大きな価値を得ることができたのである。

第5章

ITによるアナリティクスの実現

> 「公的機関、民間企業を問わず、CIOにとって、組織全体で蓄積した膨大なデータから洞察を引き出し、その洞察をビジネスの競争優位に転換することは不可欠である」
>
> Jeanette Horan, Vice President and Chief Information Officer, IBM Corporation

取り組みの方向性：ITを用いて、企業全体でビッグデータとアナリティクスを実現

多くのCIOがアナリティクスと顧客を最優先に考えている。2011年の調査「The Essential CIO: Insights from the Global Chief Information Officer Study」では、83％のCIOが競争力を高めるための、ビジネスインテリジェンスとアナリティクスの活用計画を持ち、また95％は、より優れたリアルタイムでの意思決定を推進するために、アナリティクス活用の取り組みを率先するもしくは支援すると述べている[1]。多くのCIOの計画にアナリティクスの活用が挙げられている一方で、この調査ではCIO間で明白な違いがあることも分かった。一般的にCIOは、基本的なIT業務に一定の時間を使っている。しかし、この他に明確に異なる4つの使命も重要になってきている。4つの使命とは以下である。

■協業拡大型：ビジネスプロセスの改善とコラボレーションの拡大
■効率追求型：業務合理化と組織効率性の向上
■価値連鎖変革型：リレーション強化による業界バリューチェーンの変革
■ビジネスモデル変革型：製品、市場、ビジネスモデルの抜本的な変革

　CIO がどの使命を優先するかにより、何をやるべきかが決まる。例えば、「価値連鎖変革」を最優先と考える CIO の 70％は、データを利用可能な情報へ、そして情報をビジネスの洞察力へと転換することを重視している。また、これらの CIO のほとんどが、今後 5 年間に意思決定の高度化のため、ツールの活用に重点を置くと考えている[2]。

　2013 年の調査「The Customer-Activated Enterprise: Insights from the Global C-Suite Study」では、CIO が新たな価値を創造するために企業の外部に目を向けていることも分かった[3]。今後 5 年間で IT に関わる時間の使い方の優先順位に大きな変化が予想される。顧客体験マネジメントや新規事業開発に、より多くの時間が費やされるようになると考えられる。

　また、回答した CIO の 5 分の 4 以上が、以下の 2 つの分野における IT に注力することでマーケティングをサポートする予定であるという。すなわち、(1) 構造化データと非構造化データから深い洞察を引き出すためにアナリティクスを活用する取り組みと、(2) 技術、プロセス、およびツールを活用して顧客理解を深める取り組みである。

　CIO 組織は、企業内のビッグデータとアナリティクスに関し、2 つの役割を担っている。1 つは、CIO 組織がアナリティクスの活用者であるということ。この役割では、CIO 組織は IT のサポートのためにビッグデータとアナリティクスを活用する機会が多くなる。この場合、ビッグデータとアナリティクスは、コスト削減、サービスの向上、および新たな機能の提供のために活用される。

　CIO 組織が担う 2 つ目の役割は、アナリティクスの活用により、企業を以下の 4 つの観点で変革することである。

■ビッグデータを活用し分析を行う全社的なアプリケーションを構築することで、その企業の社員がビッグデータとアナリティクスを活用できるようになること。
■全社的な情報戦略を策定してデータのガバナンスおよび安全性を高めること。

■分析ソリューションを構築するために、ビジネスチームのパートナーになること。
■堅牢なインフラを整備することは、アナリティクスを新規に活用し始めた人にとってかなりの難題である。したがって、CIO組織がデータ準備用および分析用のソフトウエアを企業全体で活用するためのインフラを提供できるようになること。

IBMのCIO組織は、ビッグデータとアナリティクスの活用でIBMをスマーターエンタープライズへ変革するための重要な役割を担っている。しかし、前述の2つ目の役割を考える前に、IBMのCIO組織がITの機能向上のためにビッグデータとアナリティクスを活用した1つ目の役割（CIO組織がアナリティクスの活用者であること）の事例をいくつか見ていく。

ビジネス課題：サーバーの改修時期を決める

アナリティクスは、サーバーの改修にかかるコストの削減に加え、サービス向上にも活用できる。サーバーのハードウエアおよびソフトウエアを改修する時期の決定は、経験則または「4年ごとにアップグレード」といった単純なルールに基づき行われることが多い。改修には、オペレーティングシステムの更新とハードウエアの更新（CPU、メモリー、ディスク容量の拡張および仮想化）が含まれる。中堅企業から大企業は一般的に、多くのサーバー（通常5000台以上）を所有し、故障が発生する直前にサーバーが改修できれば、コスト削減とサービスの向上につながる。

IBMのIT運用担当者はIBM研究部門とチームを組み、個々のサーバーの稼働状況に基づいて、最適な改修時期を決定することを目指した自動化のソリューションを構築した[4]。そのソリューションは、「Predictive Analytics for Server Incident Reduction（PASIR）」と名付けられた。一般的には障害の原因は、古いハードウエア、旧式のオペレーティングシステム、およびシステムの高負荷であると考えられていた。

しかし、チームは統計上これらの要因それ自体が障害の有意な予測因子となることは立証できなかった。むしろ分かったことは、3つの要因の間には統計

上無視できない相関関係の存在であった。チームはさらに調査を実施し、サーバーを障害の観点で分類するランダムフォレストモデル（決定木を使用する機械学習モデル）を構築した。このランダムフォレストモデルは、サーバーの障害数が基準値を超えるかどうかを判断するために用いられ、超えた場合、サーバーは問題ありと分類される。そして最適に改修を行うため、モンテカルロシミュレーションを用いて、改修対象のサーバーの優先順序付けを行っている。

成果：アプリケーションの可用性向上

図 5-1 は、サーバーの更新前および更新後の箱ひげ図を示している。箱ひげ図とは、ばらつきのあるデータを分かりやすく表現するための統計学的グラフである。2つの箱の下辺は第1四分位値（データを大きさ順に並べた場合、下から4分の1に位置する値）、上辺は第3四分位値（データを大きさ順に並べた場合、下から4分の3に位置する値）である。

箱ひげ図では、中央値（データを大きさ順に並べた場合、真ん中に位置する

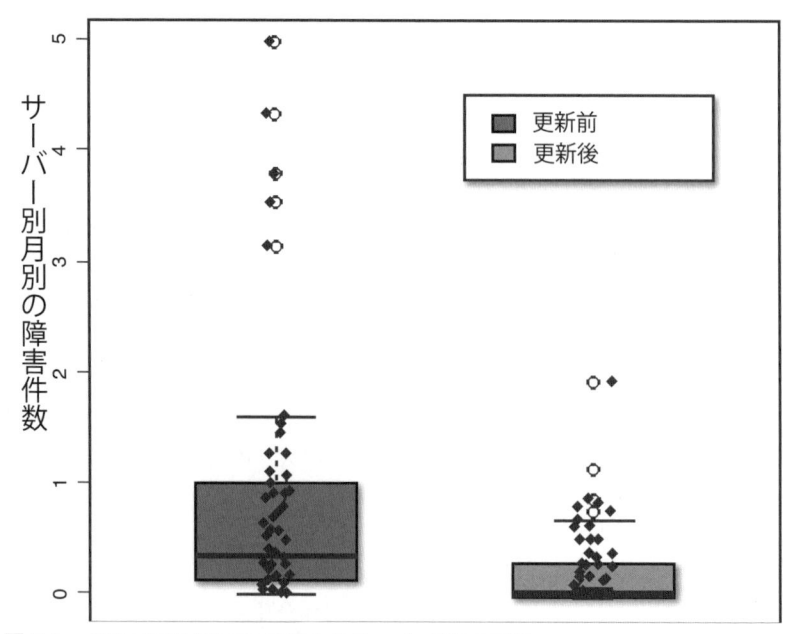

図 5-1　箱ひげ図を用いて可視化したサーバー更新の影響

値)はそれぞれの箱の中の線で表される。図5-1では、黒い点がUNIXサーバー、白い点がIntelサーバーを表している。この図から、サーバー1台当たりおよび1カ月当たりの障害数は更新後に減っていることが分かる。障害数の最大値は、5前後から2前後へと減少している。

また中央値は、0.3前後からほぼ0まで減少している。今回のケースでは、この予測モデルの使用により、アプリケーションの可用性が7倍になっている。(カラー版は、http://www.ibmpressbooks.com/title/9780133833034 を参照)

第1章「ビッグデータとアナリティクスに注目する理由」で述べた通り、差異化を図るための9つの手段を1つ以上使用することで、組織がデータから引き出す価値を向上させることにつながる[5]。サーバーの改修を最適化するためにアナリティクスを活用することは、差異化を図る手段のうちの「価値の源泉」の一例に挙げられる。

ビジネス課題：セキュリティインシデントの検知

セキュリティは、ビッグデータとアナリティクスを活用する上で必須となるIT機能である。セキュリティデータは、リスク管理、障害の検知対応、法令順守、および調査に関する活動が適正になされているかの判断と、そのための指標の分析に用いることができる。IBMのITリスク組織はこれまで、多くのセキュリティ製品を導入してきた。各製品には独自のコンソール、データソース、およびレポートが実装されている。

しかしながら、異なるデータソース間で見られる相互の相関関係は、特定のセキュリティ障害について、関係者が集まって議論する場合にしか発見することができなかった。つまり、ITリスクという観点で考えると、異なるデータソース間の相互相関関係を機械的には見つけることができていなかったということである。これは、セキュリティに関するいくつかの異常（正常を逸脱している状態）が検知されていない可能性があることを意味している。

ITリスク組織は、ビッグデータのセキュリティ分析に対応したソリューションが必要と考え、ネットワークのセキュリティに対する脅威を検知し、防御するソフトウエア「IBM QRadar Security Intelligence Platform」をそのソリューションとして選択した。これは、IBMが2011年に買収した「Q1 Labs」によっ

て開発された製品である。セキュリティに関する異常を検知するために一連のルールを用いながら、多数の情報源がQRadarに組み込まれ、リアルタイムで解析される。このデータは、ビッグデータの4つの「V」のうちVolume（ボリューム）とVelocity（スピード）という2つの特性を有している[6]。

QRadarからの出力を活用すると、セキュリティ分析の専門家はセキュリティの異常を詳しく見られるようになる。それには、異常を引き起こしたルールや、アナリティクスによって得られた事象も含まれる。その後、こうした見解は処理を行うセキュリティインシデント対応チームに伝えられる。

成果：セキュリティインシデントの検知が増加

相互に相関関係のあるセキュリティデータソースにQRadarを使用することで、ITリスクは、これまで存在していたが検知できなかった脅威を検出できるようになる。ネットワーク上のセキュリティに対する脅威を検出して防御するためのビッグデータとアナリティクスの活用は、差異化を図るための手段のうち、「価値の源泉」の一例である[7]。

スマーターエンタープライズへの変革の実現

ここで、CIOの組織が担うより大きな2番目の役割、すなわち、スマーターエンタープライズへの変革の実現について見ていく。

全社的なビッグデータとアナリティクスアプリケーションの構築

IBMのCIO組織が担う役割の一つは、ビッグデータとアナリティクスを活用する全社的なアプリケーションを構築することである。
ビッグデータとアナリティクスを活用するチャネルとしてのCIOの有効性を示す好例が「Faces」である。これは、IBM社内の人材探しのアプリケーションである[8]。Facesはシンプルかつ直観的なインタフェースを実装している。ユーザーは求める人物（または、複数の人物）について、名前、配属、スキルなど、分かっていることを入力するだけでよい。Facesは、ユーザーが入力するとユーザーのプロフィールの中のあらゆるコンテンツを調べ、発音から類推されるスペルミスも考慮に入れながら、結果を表示し更新する。

「Jeopardy!」で勝利したコンピュータ「Watson」[9]で用いられたのと同様のアプローチを活用し、膨大な量のデータを分析し、Facesの検索と合致する複数の結果を抽出する。これはビッグデータの4つの「V」のうちの一つ、Volume（ボリューム）の一例である[10]。Facesは合致する対象を見つけると、候補を順位付けし、最適な結果を出力する。Facesの目標は瞬時に応答することである。この目標は、情報を前処理し蓄積する大規模なバックエンドによって実現可能となる。IBM社内ではFacesの導入が急速に進み、社員の評判もよい。多くの社員がFaces専用のブラウザータブを所持し、一日に何度も利用している。Facesのユーザーはデータソースや合致する分析結果、あるいはアルゴリズムなどを理解する必要はない。ただ人材探しのツールが表示する結果を見るだけでよい。Facesは、データから価値を引き出すことを目指した、差別化を図るための9つの手段のうちの2つに当てはまる好例である[11]。IBM社内でデータとアナリティクスの活用を可能にする「企業文化」と、結果を出す（ここでは、効果的な人材探しができること）「価値の源泉」である。

前述の通り、人々を変え、変革することは容易なことではない。他のツールの結果より優れた結果を、直感的に迅速に出すために、全社的なアプリケーションにおいてアナリティクスとビッグデータを活用する。人々はその結果を踏まえ、素早く変化を起こすようになり、皆にとってメリットとなる。

Watson Sales Assistantは、有望かつこれまでにないアナリティクスとビッグデータのアプリケーションである。Watsonのテクノロジー[12]をベースにしており、「Jeopardy!」以上の難問に取り組む。すなわち、約2000以上のソフトウエア商品やハードウエア商品、そして1000以上のサービスオファリングに関して営業員が抱えている質問に回答する。

営業担当者は現在、自分が必要な情報を見つけるために、何時間も費やして1ダースにも及ぶ大量のデータベースを調べている。Watsonはこのデータベースからデータを取り込む。これはビッグデータの4つの「V」のうちの2つ、「Volume（ボリューム）」および「Variety（多様性）」の一例である[13]。ユーザーがWatsonに対して質問すると、Watson Sales Assistantは、ユーザー、製品、オファリング、顧客についての情報を用い、IBM Connections、IBMの社内Webサイト、売上データベース、資産データベースといった社内向けコンテンツから、ibm.com上で発信される社外向けコンテンツまで、膨大な量を検索する。そして、正しいと思われる答えを抽出し、順位付けし、最適な結果から表

示することで、営業担当者へ答えを提供する。

　Facesと同様、Watson Sales Assistantも、差異化を図るための9つの手段のうちの2つに当てはまる好例である[14]。IBM社内でデータとアナリティクスの活用を可能にする「企業文化」と、必要なコンテンツを瞬時に提供できる「価値の源泉」である。

顧客中心のビジネス価値を実現するソーシャルメディアアナリティクスソリューション構築のためのビジネス連携

　数年前、顧客中心の企業を目指したIBMの変革を推進するため、Jeanette Horan（Vice President兼CIO）はソーシャルメディアアナリティクス（SMA: Social Media Analytics）の専門家チームを創設した。このチームは、全社的なビジネスチームと協力し、顧客中心のソリューションを構築した。このSMA向けインフラの使用をはじめとするソーシャルアナリティクスおよびテキストアナリティクスのオファリングは、IBM全社の多くの組織で活用されている。

　いくつかの事例を挙げると、「ソーシャルビジネス」に関する社会的行動のモニタリング、機密情報漏洩の検出、IBM製品に関する意見、発言量、影響者の特定などである。顧客中心のプロジェクトに関し、業務で協力するためにSMAの専門家チームを活用することは、データから価値を引き出すことを目指した、差異化を図るための9つの手段のうちの2つに当てはまる好例である[15]。SMAの専門家との協力によってSMAのスキルが向上する「専門知識」、そしてSMAチームがプロジェクト向けの自身のSMAインフラを活用する「プラットフォーム」である。

データのガバナンスおよびセキュリティを重視した「インフォメーションアジェンダ」（情報戦略実現へのシナリオ）とプロセスの構築

　CIOは、最高マーケティング責任者（CMO）と同じ見解を持っている。CMOはデータへの投資を最優先とした上で、構造化データと非構造化データの両方から洞察を引き出すために5つの行動を重視する。その5つとは、「マスターデータ管理」「顧客情報の分析」「データウエアハウス」「ダッシュボード」および「検索機能」のことである[16]。

　ただし、マスターデータ管理およびデータウエアハウスには注意が必要であ

る。データの処理方法とその実現時期は、議論の分かれる問題である。この数年で、ビジネスインテリジェンス（BI：Business Interigence）プロジェクト開始前にデータウエアハウスを構築することが一般的となっている。データウエアハウスの構築が完了すると、データのクレンジング・変換・加工が行われ、いつでもデータが利用可能な状態になる。これにより、BIプロフェッショナルは仕事がやりやすくなる。この取り組みのマイナス面は、データウエアハウスの構築にはかなりの時間がかかることである。データウエアハウスが完成する前に、データのビジネス要件が変更される可能性もある。IBMではデータウエアハウスの構築の代わりに、ビジネスニーズに基づく全社的な計画である「インフォメーションアジェンダ」を、データ準備作業において反復型で構築することを推奨している。ビジネスニーズが変更されると、それらはインフォメーションアジェンダに反映される。

CIOは、ビジネス機能からアナリティクスプロジェクトに必要なデータを収集しやすい立場にあり、また、これらの要件を用いて全社的なインフォメーションアジェンダを構築しやすい立場にもある。

では、IBMはいったいどこから手をつけたのか。価値実現までの時間を最小化するため、各ビジネス機能にそれぞれのインフォメーションアジェンダを推進させることにした。これにより、ビジネスの課題に応じて統合すべきデータ、クレンジングすべきデータ、そして用意しておくべきデータを見極められるようになった。そしてデータの統合作業に数年を要した後、企業全体としてのデータの見方への変化が、共通データの共有化によるコスト削減といった価値を生み出すことにつながった。

IBMの内部データの改善は、数年がかりで続いている。過去数年は、分析と効率的なオペレーションを最適化するために、データ鳥瞰図内のデータの統合に注力してきた。CIO組織は2011年、IBMに既存の構造化データソースの調査を開始し、データ鳥瞰図のあるべき状態について最終的なビジョンを決定した。最近、CIOの組織は200近いマスターデータストアに対する評価を始めた。ビジネス機能が最も必要とするデータから始める次のステップは、データのクレンジングおよび一元化により、アナリティクスのためにデータを利用しやすいものにすることである。

IBMには、200近いマスターデータからの情報を使う信頼できるデータソースが5種類存在する。

第5章　ITによるアナリティクスの実現

- 25以上のトランザクションデータストアは、トランザクションデータの発生源データである。
- 25以上のオペレーションデータストアは、ほぼリアルタイムに発生源データからデータを取得する。
- 50近いデータウエアハウスは、発生源データまたはオペレーションデータストアからデータを取得する。これらには履歴データおよび派生データが含まれている。
- 100以上（および集計用）のデータマートは、ユーザーの特定の要望を満たす。
- 膨大な情報提供のフロントエンドは、レポーティングおよびダッシュボードのデータを提供する。

図5-2は、マスターデータストアと5種類の信頼できるデータソースとの関係を表している。これらのデータソースはトランザクションデータで、製品売上高または製品受注の機会といった、顧客に関するデータである。「システムオブエンゲージメント（SoE：Systems of Engagement）」は「システムオブレコード（SoR：Systems of Record）」としても知られるトランザクションデータソースを包含し、さらに独自の情報を付記することが多い。

Geoffrey Mooreは、どのようにして消費者が協業・共有を目指してSoEの

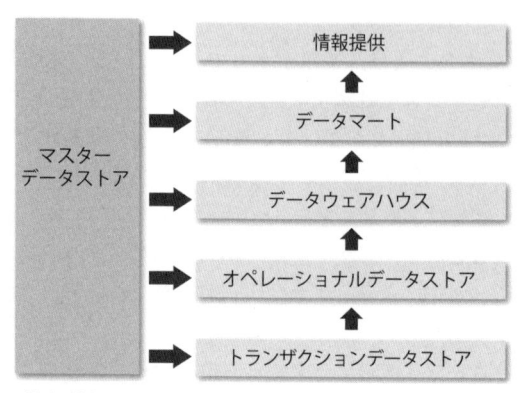

図5-2　IBMの情報基盤アーキテクチャーにおける5種類の信頼できるデータソース

```
        トランザクション    →    トランザクション    人との関わり

    SoR              +         SoE
    構造化：関係              非構造化：コンテンツ、ネットワーク
    プロセス中心              人中心
    従来のビジネス分析         新しいタイプの分析
```

図 5-3 SoR と SoE の比較

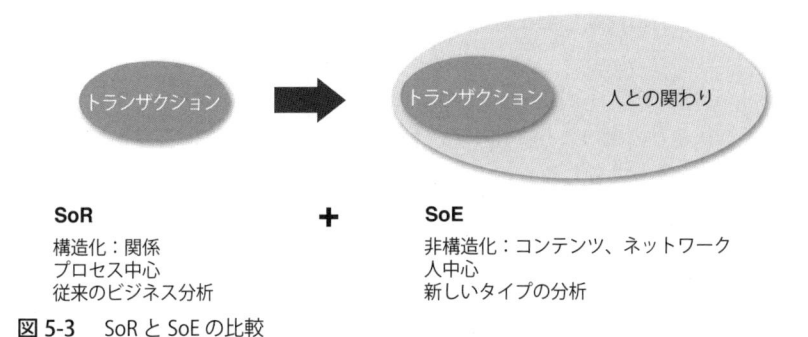

構築を先導しつつあるかを明示化し、これは企業 IT にとって大きな変化であると指摘した[17]。**図 5-3** は SoR と SoE を比較したものである。前者は、構造化されている特徴を持ち、プロセスが中心のシステムである。後者は、非構造化の特徴を持ち、人が中心のシステムである。

SoE はアナリティクスに新たな機会を提供する。トランザクションデータソースと同様に、SoE を用いたトランザクションでもアナリティクスが必須となる。ここでは、エンゲージメントアナリティクスと呼ばれる新しいタイプのアナリティクスが、SoE の価値を最大化するために使用される。

Marie Wallace（Social Business Analytics Strategist）は SoE 向けに 4 つの KPI を定義した[18]。

■活動：SoE 内の個々の活動レベル
■反応：個々の活動に対する他者の反応
■著名：個人に対する他者の対応
■ネットワーク：個々のネットワークの質の高さおよびその中での役割

エンゲージメントアナリティクスは、社員または顧客のリアルタイムのエンゲージメントを測定するために用いられる。SoE にエンゲージメントアナリティクスを活用することで、次のような新たな疑問に答えてくれる。

■取引成立はどのように行われたのか、そしてその取引に関わったのは誰か
■成功した取引の特徴は何か

■成功した取引に貢献した人物を特徴付けるものは何か

　Wallace は、SoE およびエンゲージメントアナリティクスのポテンシャルについて問われると、次のように述べた。「SoR を分析することで会社が何をしているのかが分かり、SoE を分析することで会社がどのように機能しているかが分かる。さらに先に進むと、エンゲージメントアナリティクスを活用し、『スマーターワークフォース（社員）』『スマーターコマース（顧客）』『スマーターシティーズ（市民）』における顧客体験のレベルを高めることが可能となる」。さらには、SoE は協働の特徴を持つため、意思決定の仕組みを用いてアナリティクスを相互に活用する機会が生じ、その結果これらの仕組みがさらに改善されていく。

　「インフォメーションアジェンダ」は、データから価値を引き出すことを目指した差異化を図るための 9 つの手段のうちの 4 つに影響を及ぼす[19]。「インフォメーションアジェンダ」が企業内におけるデータの利用可能性と活用を実現させる『企業文化』。「インフォメーションアジェンダ」が組織のデータガバナンスとセキュリティの構造や形式に直接取り組む『データ』。「インフォメーションアジェンダ」の構築がエグゼクティブの支援を必要とする『スポンサーシップ』。そして「インフォメーションアジェンダ」が組織の信頼性を向上させる『信頼』の 4 つである。

ビッグデータとアナリティクスのインフラの提供

　分析ソリューションには、ノートパソコン上で稼働可能なものもあるが、多くのデータ分析ソリューションには、多岐にわたるソフトウエア、大きなデータ容量、大量の計算リソースが求められる。様々なデータをアナリティクスで処理するためのソフトウエアプラットフォームを構築するには、多大な時間が必要となる。IT サービスの供給者として、CIO は業務部門に対してビッグデータとアナリティクスのインフラを提供することで、業務部門に分析能力を与え、業務固有のアプリケーションを構築・実行させることができる。

　時間の経過に伴い必要とされるリソースが変化しやすいこと、またアナリティクスアプリケーションにはごく短時間で急激なリソースが必要となる「バースト的な」性質を持つものもあることより、クラウドコンピューティングはデータ分析サービスに向いていると言える[20]。

　IBM の CIO 組織は Blue Insight と呼ばれるプライベートクラウドを活用し、

45万人以上のIBMのユーザーにビッグデータとアナリティクスのサービスを提供している。IBMのBlue Insightクラウドは、集中型のビッグデータとアナリティクスサービスを提供することで、データや分析ツールを標準化している。データやビジネスに関する知識は分散しているが、クラウドサービスを活用することで、ビジネス分野にこれらが集中化される。Blue InsightはIBM全社において着実に価値を高めており、600以上のデータウエアハウスや500以上のアナリティクスアプリケーションを統合させることによって、価値を実現している。

ビッグデータとアナリティクスのインフラを提供することで、差異化を図るための9つの手段のうちの2に影響を及ぼす[21]。それは言うまでもなく「プラットフォーム」と、インフラがエグゼクティブの支援なしには構築できないことより「スポンサーシップ」である。

教訓

ビッグデータとアナリティクスは、CIO組織のIT機能にとって不可欠なものである。また、CIOは企業のビッグデータとアナリティクス改革の重要な貢献者となる立場にある。ビッグデータアプリケーションの構築から「インフォメーションアジェンダ」の構築、ビッグデータとアナリティクスプラットフォームの提供、新たなアナリティクスアプリケーションを構築するための専門知識を与えることまで、様々な活動によって企業の変革を実現させることができる。

「**アナリティクスから価値を引き出すために、その技術を詳しく理解する必要はない**」——全社的なアプリケーションであるFacesおよびWatson Sales Assistantは素晴らしいユーザーアプリケーションの例であり、ユーザーは、データと分析の仕組みを知らなくても、分析アプリケーションから得られる貴重な価値を活用し入手することができる。

「**安価で高速なプロセッサーとストレージの出現がビッグデータ分析を可能にした**」——10年前であれば、Watson Sales Assistantといった膨大のデータを保存・検索するビッグデータとアナリティクスアプリケーションは費用がかかりすぎるため、導入に二の足を踏んでいただろう。

「**9つの手段を活用することが大切である**」——IBMのCIO組織はデータか

ら価値を引き出すことを目指した、差異化を図るための9つの手段のうちの7つを活用している[22]。使用可能化レベルにある「価値の源泉」と「プラットフォーム」、推進レベルにある「企業文化」「データ」および「信頼」、拡大レベルにある「スポンサーシップ」と「専門知識」である。

　CIO組織がそれほど活用していないと位置づけられるのが「投資」と「測定」であるが、これはあえて書くまでもないものである。なぜなら、このビジネスユニットは大部分の分析プロジェクトで「投資」も「測定」も、実際は実施しているからである。

第 6 章

顧客へのアプローチ

> 「あらゆる形態の顧客エンゲージメントに対応するデジタルの仕組みを構築できれば、顧客に関するより多くの情報を入手し、アナリティクスをさらに充実させ、最高の顧客経験を追及する機会を得られる」
>
> Ben Edwards, Vice President, Global Communication & Digital marketing, IBM Corporation

取り組みの方向性：顧客へのアプローチと関係性強化に向けたアナリティクスの利用

　企業におけるマーケティング部門は、そのビジネスが法人向け（B2B）であれ一般消費者向け（B2C）であれ、ビッグデータとアナリティクスにより、事実に基づく意思決定を実現するべく変革に取り組んでいる。IBM の調査「State of Marketing 2013」では、主要企業におけるマーケティングテクノロジーへの投資・開発についての重要な動向が報告されている[1]。
　企業のマーケティングは進化し、データ、アナリティクス、ならびにオートメーション（自動化）を取り入れることで1対1のアプローチ、すなわち「パーソナルマーケティング」へと向かいつつあるというのである。データやアナリティ

クスから洞察を得るにとどまり、行動を起こさなければ意味をなさない。

　洞察に基づいて意思決定を行い、行動につなげることで初めて価値が生まれる。このプロセスを可能にするのがオートメーション（自動化）であり、マーケティングの変革を成功させる上で不可欠である。

　例えば、IBM の提供するソリューション「next best action（nba）」は、適切な顧客に、適切な提案を、適切なタイミングで行うという一連のタスクを自動的に実施することを可能にする。Chris Wong（Vice President,Strategy and Enterprise marketing management）は、IBM のマーケティングでのアナリティクスの利用を「顧客アナリティクス」と「パフォーマンス管理アナリティクス」の 2 つの異なる領域で捉えている。この 2 つこそが、IBM のマーケティング変革の基盤をなすものである。

　顧客アナリティクスでは主として以下の 3 カテゴリーのデータが参照される。

■デモグラフィック（属性）データ：年齢、性別、収入など。
■行動や嗜好に関するデータ：このカテゴリーには過去のデータに基づくものとリアルタイムのデータに基づくものがある。例えば、顧客が過去にどのような方法で購入したかについて洞察を得るために参照する過去の履歴データや、顧客がオンライン上でマウスをクリックしたり、ビデオを視聴したり、あるいはカートへ商品を追加したりするタイミングで収集されるリアルタイムデータなどである。この両方の種類のデータを使用することで、その顧客が好むのはリアルタイムなコンタクトか電子メールかなどが分かるようになる。
■時間に関するデータ：顧客が特定の商品を閲覧した期間、最後に購入してから経過した期間など。

　もう一方のパフォーマンス管理アナリティクスはマーケティング活動の ROI や効率性の評価に有用である。パフォーマンス管理のデータには以下の 2 種類がある。

■定量的データ：提案は有効か。どの程度有効か。
■定性的データ：どのような要因が提案に影響を与えているのか。例えば、顧客の 60％が購入手続きを途中で断念するのは「注文」ボタンを見つけにく

いためである、など。

　IBMは今まさに顧客アナリティクスとパフォーマンス管理アナリティクスの改革に取り組んでいる。現時点では、この2つのうち、パフォーマンス管理の方がやや先行しており、Cognosというソフトウエア製品をベースとしたダッシュボードを使用したエンタープライズデータウエアハウスが活用されている。
　一方で顧客アナリティクスについては、以前から顧客データを企業内個人（つまり一人ひとりの顧客）の単位ではなく、企業単位で収集していたため、現時点で相対的に成熟度が低い。顧客アナリティクスはIBMのパラダイムシフトを象徴しており、本章で述べる個人単位の顧客マスタープロジェクトはこの課題に対するIBMの取り組みを表すものである。
　さて、パーソナルマーケティングはIBMだけでなく、顧客にとっても重要な意味を持つ。Ginni RomettyはCEO就任後初のカスタマーカンファレンスにおいて、自身がマーケティングと顧客経験を重要視していることを示した。
　カスタマーカンファレンスは、IBMから数十億ドル相当のソフトウエア、テクノロジーサービスおよびハードウエアを購入している上得意の企業を招いてニューヨークで開催されるものであり、従来は最高情報責任者（CIO）を招いていたが、RomettyはCIOに加えて最高マーケティング責任者（CMO）をも招待していたのである。
　同氏のこれまでにない野心的な計画として、企業のマーケティング担当者にIBMのツールを利用してもらうよう働きかけようとしたのだ。このツールは、データ活用により効果的かつ効率的に顧客と接触してより多くの商品を販売するためのものである[2]。
　Romettyはしばしば顧客から「あなたの戦略とはどのようなものか」と尋ねられることがあったが、その答えはこうであった。「まずは私の信念について尋ねてください。その方が揺るぎない答えになるでしょう」[3]

「特別な顧客経験」の提供

　Romettyは、IBMがそれぞれの顧客に「特別な顧客経験（Signature client experience）」を提供することこそが、顧客にとってIBMが「なくてはならない存在」になるための鍵だと考えている。「特別な顧客経験」の提供はIBMのマーケティング変革の中核となる。目指す姿を実現する上で、アナリティクス

第6章　顧客へのアプローチ

とビッグデータの利用が重要な要素となる。

　顧客経験の重視を推進するため、Romettyは会社に指針を示す3つのコアチーム（業務、テクノロジー、戦略）に加え、4番目のリーダーシップチームを設置した。この4番目のチームは顧客経験チーム（Client Experience team）で、Rometty自らが委員長を務める。他の3チームはIBMのシニアリーダーからなり、顧客経験チームのメンバーは顧客対応部門の経営幹部からなる。

　チームは月1回会合を開き、他社の経営層を招いて顧客関係のマネジメントについて学んでいる。「IBMと特別な関係」を築くという目標は、マーケティング変革の重要な推進要因である。この目標を達成する新しいケィパビリティーを確立することで、IBMの顧客とIBMの双方で必要な投資が促進される。

　ガートナーによると、マーケティングテクノロジーへの投資増に伴い、2017年までに最高マーケティング責任者（CMO）によるテクノロジー投資額は最高情報責任者（CIO）を超える見込みである[4]。マーケティングへの投資は増加傾向にあるものの、IBMにおいてもIBM以外の企業においても、こうした移行は必ずしも容易に行われることはなさそうである。

　マーケティングの世界では、「テクノロジーは独創的な活動をサポートするためのツールとして利用するものであり、その出発点とはならない」という考え方と親和性が高い[5]。マーケティングにおいては独創性が重視されることから、従来「本能的直感」に基づく意思決定が確信を持って行われてきた。

　しかしながら、ビッグデータとアナリティクスから得られる洞察は、従来とは異なる出発点を提示し、より良い成果に導く独創的なプロセスを支えることができる。IDCは2013年、「Chief Marketing Officer Predictions」において、CMOは「データの達人（"masters of data"）」になると予想している[6]。

　こうした変化に伴って、マーケティング組織ではスキルの変革が求められている。マーケティングチームに配属される新規採用者の約半数は技術系出身者が占める見通しであり、かつ、これからの時代のマーケティングに必要とされるスキルが変化しつつあることを組織が認識するにつれ、その数は今後数年間でさらに増加することが予見されている。

　ますます高度な知識を身に付け、十分な情報を入手できるようになった買い手（顧客）は様々な接触方法を要求し、CMOはこうした要求への対処を求められる。こうした経験を通じて学んだのは、これからのCMOが理解しなけれ

ばならないことは「データの流れ」である[7]。

　IBM Institute of Business Value というチームが行った 2013 年グローバル経営層スタディー（Global C-suite Study）の調査結果によると、各社の CMO は 2011 年よりもむしろ 2013 年の方がビッグデータに対処する上での準備が不十分であると感じている。例えば、データの爆発的増大への準備が十分でないと回答した CMO は、2011 年には全体の 71％であったが、2013 年には 81％に増加している[8]。

マーケティング担当アナリストの採用が急増

　ビッグデータとアナリティクスに手が届くようになったことで、アナリティクスのスキルを持つ人材不足の問題が起こり、あらゆる業界に影響を及ぼしている。このスキルギャップについては、2012 年のハーバード・ビジネス・レビューの記事「データサイエンティストほど素敵な仕事はない（Data Scientist: The Sexiest Job of the 21st Century）」の発表を契機に大きな注目が集まった[9]。

　マーケティング部門にとってアナリティクスのスキルに対するニーズがどの程度高まっているかを評価するため、Marketshare は icrunchdata.com の分析に注目した。Forbes Insight に明示されたように、マーケティング担当のアナリストの雇用は急速に拡大している。ビッグデータが 2015 年までに米国だけで 190 万人の新規雇用を創出すると予測するところもある。マーケティング関連アナリストの採用者数は前年比で 67％増加し、この 3 年間では 136％の増加と際立って高い伸び率となっている[10]。

　こうした雇用動向に対して、スキルの供給が追いついていない分野に、IBM ユニバーシティーリレーション部門は 1000 校以上の大学と協力して積極的な取り組みを行っている。アナリティクススキルとそのスキルを活用するために必要なリーダーシップ能力の強化は、IBM の取り組みの重点事項である。

鍵は俊敏性

　Ben Edwards（Vice President,Global Communication and Digital Marketing）は、2013 年に B2B のベストマーケターの一人として指名されるなど、マーケティングの世界におけるリーダーとして認知されている[11]。Edwards は IBM のマーケティング活動の精度と効率性を高めることに力を注いでいる。同氏は、「私が特に情熱を傾けていることはアジャイルな手法を取

り入れることだ。データ主導のマーケティング変革は、時間をかけていては実現できない。我々は、定められた手法とその結果に基づいて短いサイクルで反復する、継続的な改善のプロセスを構築しなければならない」と述べている[12]。

IBM でこれを実現できるのは Marketing and Communication Design Lab である。これは Edwards が IBM のマーケティングと IT グループの他、主要代理店から 100 人以上の専従のメンバーを結集して 2012 年にニューヨークに設置したものである。Marketing and Communication Design Lab（M & C Lab）のグローバルネットワークを通じてこのプログラムを拡大する計画が進行中である。「M & C Lab は優れたマーケティング成果の達成に向け、IBM の代理店パートナーや IT 組織のパートナーとの関わり方を考える交差地点となる」と Edwards は述べている。

マーケティングにおけるアナリティクスの利用は各施策の効果測定のみにとどまらず広い業務分野に拡大している。ビッグデータとソーシャルメディア分析はこれまでの形勢を一変させる技術である。これにより、先進的なマーケティング組織は新しい方法を用い、全く新しいレベルでより深く顧客に関わることができるようになる。

一方で、市場で自社の差異化に不可欠な「特別な顧客経験」を提供するためには、膨大な量のデータを読み解き、そこで得られた洞察を行動に結び付けなければならない。これにはスキルと強い意志の両方が求められ、課題は多い。以下では、IBM で実施した様々なマーケティングへの取り組みの一部を紹介する。

ビジネス課題：特別な顧客経験を提供するためのデータ基盤とアナリティクス能力の構築

Chris Wong（Vice President,IBM Strategy and Product Management）は、買い手が以前よりも多くの情報を入手できる今の時代を「マーケティング黄金時代」と呼んでいる。なぜ、マーケティングの黄金時代なのか。それは買い手が豊富なリソースを利用し、かつてないほど「スマート」に買い物をできる時代だからである。これは既存のビジネスモデルを揺るがす難題あるいは脅威だ

と考える人もいる。

しかしながら、マーケティングの最重要の目標は、「顧客を理解し、そのニーズに応え、顧客との最適な関わり方を知ることである」という視点に立つなら、ビッグデータとアナリティクスでこれまで持っていなかった能力を身に付けることで、それが実現可能になる。

今の時代においてはまだ課題はあるものの、新しい能力はかつてないほど大きな機会を生む。マーケティングにおけるこれらの課題に対処し、好機を捉えるため、IBMはいくつかの取り組みを行っている。

IBMのマーケティング部門は、ビッグデータとアナリティクスを活用するために、並行して2つのアプローチを取っている。

- ■トランザクションアナリティクス：トランザクションアナリティクスはパフォーマンス（成果）を基準とするもので、リーダー層が様々なマーケティング施策の効率性や成果を理解する上で有用なものである。例えば、Webアナリティクスによりクリックスルーを追跡し、施策の有効性に対する洞察が得られる、というようなものである。
- ■行動アナリティクス：マーケティングの観点から見て、行動アナリティクスはより高度なアナリティクスである。WongはB2C企業かB2B企業かを問わず、このアプローチをマーケティングにおけるアナリティクスの「聖杯」と呼んでいる。例えば、行動アナリティクスにより、一人ひとりの顧客の購買の意思決定プロセスに対する洞察を得ることができる。

B2C企業は既にビジネス成果を高めるために行動アナリティクスの適用を始めているが、B2B企業の場合の適用方法は異なったものとなるだろう。WongはIBMが初期段階で実施したアナリティクスの多くは、トランザクションアナリティクスから洞察を得ることを目指すものだったと見ている。

これらは第1章で紹介した記述的アナリティクスと見なされているが、記述的アナリティクスによる現状理解は、将来を予測する上での基盤となる。例えば、トランザクションアナリティクスにより、営業活動中の商談パイプラインと予想される勝率に基づいて目標を達成できそうかを予測し、目標達成に向けてどのような是正措置を講じる必要があるかを示すことができる。

このアプローチは問題を発見することはできるが、問題の根本原因やどのよ

うな是正措置があるかの特定まで行おうとするとより詳細なモデルが必要となる。IBMのマーケティング組織では、根本原因の特定と是正措置の推奨オプションの提示を行い、これらをインプットとしてシミュレーションモデルの開発に利用する、といったアナリティクスのアプローチに取り組んでいる。なお、市場や製品ライフサイクルが進化し変化が生じた場合には、引き続き適正な予測や是正措置が特定されるよう、モデルを更新する必要がある。

行動アナリティクスを活用したいと考えるB2B企業が直面する重大な課題の一つに、基本的なレガシーデータが意思決定者個人のレベルではなく、企業のレベルで収集されていることが挙げられる。IBMにおいては、データは歴史的に企業単位でのトランザクションの記録であり、行動アナリティクスの適用可能性という点では限界がある。行動アナリティクスは一人ひとりの個客（企業内個人）ごとにカスタマイズし、それぞれにとって特別な意味のある顧客経験を提供するものである。個人レベルで収集されたデータがあることを前提とする。

B2C企業の中でも特に、オンラインのビジネスモデルから始めた企業は既に個人レベルの顧客データを収集・蓄積しており、トップクラスの企業は売上増に向けてアナリティクスを極めて効果的に活用している。では、IBMはどのようにして、収集した膨大な企業レベルのレガシーのトランザクションデータから個々の企業の購買行動を理解し、「特別な顧客経験」を提供しようとしているのか。

この問題に対処するため、CIOを中心に企業内個人の顧客マスターを構築する大規模なプロジェクトが開始された。IBMにおけるこのデータに関する新しいケイパビリティーによって、顧客一人ひとりとIBMとのやり取りをすべて把握し、情報として取り込み、顧客に対して特別な顧客経験を提供するために活用できるようになる。

この野心的な取り組みは、あらゆるチャネルから収集されるデータを通じて、顧客の傾向や嗜好を把握するためにオムニチャネルで実施される。あらゆるチャネルからのデータとは、例えばWebサイト（どのオファリングを検討したかなど）、イベント（どのカンファレンスやブリーフィングに参加したかなど）、営業担当者とのやり取り、サポートデスクとのやり取りなどを指す。

ここで、オムニチャネルとは顧客を統合的なビューで捉えることを意味し、いわゆるマルチチャネルにおけるチャネル単位でのプロセスや戦略とは区別さ

れる。顧客個人レベルの嗜好や関心事を、会社とのすべてのやり取りを通じて把握し、これに基づいて顧客ごとの「特別な顧客経験」を提供することを意図する。170カ国以上で事業を展開し、多くの顧客接点（チャネル）を有するIBMの規模を考慮すると、これは極めて大規模な取り組みであると言えるだろう。

企業内個人の顧客マスターに基づいて予測分析を行い、Wongが「学習（learn）、解決（solve）、比較（compare）、購入（purchase）」のプロセスと呼ぶ一連の購入に至るまでの行程を通じて顧客をサポートできるようになる。営業担当者が顧客と話す前に、利用可能な情報や接触を把握しておくことで、より良い顧客経験とビジネスの成果を実現できる。

予測分析は、プロセスの特定のフェーズにおいて特定の個人にどのような提案が適切であるかを判断するために活用できる。小売業においては、顧客が店舗にいるときを検知し、顧客の嗜好やプロファイルに基づいて購買を促すSMSを送信するモバイルアプリが登場している。これにより、適切な顧客に、適切なタイミングで適切な提案を行うことができるようになりつつある。IBMでは、こうした取り組みは大規模かつ長きにわたる。

オンライン販売の企業であれば、Webサイトに仕掛けさえすれば顧客に関するデータを収集できるし、実店舗を持つ小売業者であれば店舗とWebサイトとに仕掛けをするだけで済む。一方でIBMの場合はWebサイト、マーケティングやセールスのイベント、マーケティングオートメーションシステム、営業チャネルやコールセンターのサポートチャネルなど、様々な顧客接点で顧客データを収集し、これらを統合して顧客の全体像を捉え、顧客ごとに提供すべき最適な顧客経験を提示できるようにする必要がある。

IBMにとってのビジネス課題は、企業レベルでのデータから購入の意思決定者（企業内個人）に重点を絞り、そのために必要となるプロセスや仕組みを整備することである。この取り組みを実施するにあたり重要な基盤となるのは、Webシステムとカスタマーリレーションシップマネジメント（CRM）システムに連結したマーケティングオートメーションシステムである。

成果：顧客レベルでの洞察の提供に向けた企業内個人の顧客マスターの整備

B2Bビジネスを行う企業において、顧客企業の個人レベルのデータを収集す

ることは、IBMの企業規模では大がかりな取り組みを必要とする。取り組みは今まさに進展しており、今後も継続され、マーケティングの変革が進むにつれて新たな機能が追加され、継続的に改善されていくだろう。

ビジネス課題：マーケティング活動の効果のリアルタイム評価（パフォーマンス管理）

　マーケティング部門の課題は、マーケティングオファリングの成果や関係する中間指標を把握・モニタリングし、エンドツーエンドでの最終成果の予測を行う基盤を築くことであった。Melody Dunn（Director,Corporate M & C、Marketing systems）は、このマーケティング変革の推進に関わってきたリーダーである。2009年にIBMエンタープライズマーケティングマネジメント（EMM：Enterprise Marketing Management）オートメーションプロジェクトが開始され、プロジェクトチームは2011年までの18カ月間で79カ国に新しい仕組みを支えるシステムを導入した。

　IBMにはEMMファミリーというマーケティングオートメーションを実現するソフトウエア群があるが、チームはまずEMMの4モジュールの同時展開を行った。4モジュールとは、EMM Campaign、EMM Collaboration（後継バージョンはEMM Distributed Marketing）、EMM eMessage、EMM Leadsである。

　また、Cognosというダッシュボードも併せて展開し、送信メール数、メール開封率、クリックスルー率、バウンスバック（商品を注文しやすいように注文書を添付するプロモーション）数、ダウンロード件数などの主要な指標をリアルタイムで把握できるようにした。なお、リアルタイム化は2012年に導入したEMM Operations Offer Managementにより実現されている。

　これら一連のシステムにより、すべてのマーケティングオファリングはカテゴリーに分類されトラッキングされて、有効なオファリングとそうでないものが明確化され、改善のプロセスにつなげることが可能となった。個々のオファリングの評価に加え、ビジネス全体のパフォーマンスを評価するための指標、例えば未成約の案件から期待される収益や、成約済み案件の収益なども把握で

きるようになった。

こうした取り組みを進めながら、データ収集のためのバックエンド基盤の構築プロジェクトも同時に実施された。指標を定義してデータを収集し、第1章で紹介した予測アナリティクスや処方的アナリティクスも行っている。

第3章「サプライチェーンの最適化」では品質問題を検出するための早期通知システムについて記述した。マーケティングの領域においても同様の理由で「早期通知システム」を導入している。例えば、IBMのキャンペーンメールの開封率が業界ベンチマーク値の17%を下回ると、対応を促す通知が発せられる。その際、対策検討に役立てるべく、単に通知の発行にとどまらず予想される原因（対象者が多すぎた、条件設定が不適切、タイミングが悪い、など）も示唆されるようになっている。今後、予測にかかるノイズを特定・判別する仕組みの実装により、より早い段階での通知発行が可能になるだろう。

パフォーマンス管理からは少し外れるが、マーケティングにおいては会社レベルとブランド（IBMにおける事業）の両レベルで購入傾向モデルが積極的に利用されている。前のセクションで説明した企業内個人の顧客マスターの拡張に伴い、本モデルは今後も高度化を続けるであろう。ここでの購入傾向モデルは、顧客がいつどのような商品に関心を抱くかに加えて、顧客の行動に対する予測も行う。例えば、購買意思決定に際して誰の影響を受けるか、どのような情報が必要かなど。

成果：マーケティングの効率化とマーケティング変革の基盤の確立

マーケティングオートメーションシステムと他のテクノロジーとを連結し、需要創出のための業務とキャンペーン管理業務を自動化することで業務が大幅に効率化された。

例えば「従来30日かかっていた応答処理やランディングページ（広告のリンク先）のURLの準備など、キャンペーン向けコンテンツの準備にかかるプロセスは徹底的に効率化された。また、IBMが開発したWebベースの登録ページ作成ツールを利用することで、需要創出プログラム担当プロフェッショナルは2時間足らずでプログラムをキャンペーン管理システムに登録することができるようになった。さらに、マーケティングオートメーションのソリューションによって、現在ではレスポンス準備に要する期間は1週間から1日となり、メールのフォローアップに要する時間は1週間から1時間に短縮された」[13]。

第 6 章　顧客へのアプローチ

IBMはBest Global Brandsで3位に上り詰めた。受賞企業の大半がB2Cの中、B2B企業としては優れた実績だと言えるだろう。

サイエンス：
オートメーションとアナリティクスを活用したスマートな方法による需要喚起を実施。IBMのマーケティング部門はCIOチームと連携し、700万ものメールを「運に任せ、絨毯爆撃」する旧来のアプローチを脱却し、50万の見込み客に絞込みマーケティングを自動化している。

7M
500,000

成果： スマートなマーケティングにより14倍のeMail応答率を達成。更に、ある市場においてはコンバージョン率も2倍を達成。

組織統制：
IBMの商品・サービスではなくお客様ニーズにマーケティングの投資の照準をあわせたプログラムフレームワークを確立。初年度に、80以上のマーケティングプログラムを12に集約。マーケティングのGlobal Center of Excellence（最先端の技術とグローバルの専門家を集約したセンター）を設立。調査ならびに市場分析、マーケティング関連業務のパフォーマンスと生産性を向上させた。

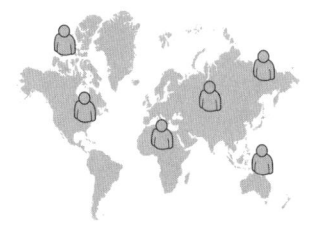

図 6-1　オートメーションとアナリティクスの活用によるマーケティングの効率化促進

図 6-1 にその他の成果をいくつか示す。

　マーケティングオートメーションとデータ収集のバックエンド基盤構築の成果とを組み合わせることにより、マーケティング業務に好ましい変化が起こった。まず、マーケティング組織におけるスタッフの行動に変化が起こった。従来、マーケティング担当者の多くは「量」を基準に施策がうまくいったかどうかを評価していた。どれだけのビジネスにつながったかという「成果」ではなく、例えば、送信した電子メールの「数」や開催したイベントの「数」を測っていた。

　しかしビッグデータ、アナリティクス、そして企業内個人の情報を得た段階では、「ターゲットを絞った提案ができたか」「特別な顧客経験を提供することができたか」が重視されるようになるであろう。分析能力によって特別な顧客経験の提供が可能となったマーケティングの黄金時代には、多くの提案、多くの戦術、多すぎる接触は逆効果である。

　ビッグデータとアナリティクスは、このほかにも重大な変化をもたらした。マーケティング業務における必須スキルが変わったのである。これにより、証拠・根拠に裏打ちされた意思決定プロセスを実現するデータサイエンティスト

やリーダーの需要が増大した。

かつてマーケティングスキルといえばプロジェクト管理や、代理店やブランド（事業部）との協業とその管理などに関するものが大部分を占めていた。今後は、分析スキルを持つマーケターの需要が高まり、企業は希少な人材の争奪戦を行うことが予想される。Dunn はこうした状況を次のように言い表している。「我々の任務は将来のビジョンを実現するためにマーケティング変革をリードすることと、どういうふうにテクノロジーを活用するとそのビジョンを実現できるかを理解することである」

ビジネス課題：マーケティング施策と成果の因果関係の検証

2010 年の論文「Analyzing Causal Effects with Observational Studies for Evidence-Based Marketing at IBM」では、マーケティングにおける意思決定にサイエンスを適用する手法を推奨している。すなわち、実施したこととその成果の因果関係を理解するため「観察調査」を利用すべしというものだ[14]。本論文の執筆者の一人である Stefanos Manganaris（Manager, Inside Sales, Business Analytics & Optimization）は、マーケティングは事実に裏打ちされた根拠に基づいて実施することで、その成果を高めることができると述べている。

IBM の社内マーケティングコンサルティングは「過去の活動とその成果の関連性を解明する、あるいは計画されている活動の成果を予測する」ことを目指した[15]。その狙いは、単にあるマーケティング活動と発生した事象の「相関性」を把握するにとどまらず、活動と「その活動に起因する成果」を生かして理解するかということであった。

本論文の2つのケーススタディーは、マーケティングで的確な意思決定を行うために、IBM が観察調査をどのように利用したのかを示している。1つ目のケーススタディーでは、特定のハードウエアにおけるある特別な契約条件が追加購買に与える影響について分析したものだ。仮説は「特別な契約条件があれば、顧客はより容易に、かつ無理のない価格で追加購買を行いやすい」という

第 6 章　顧客へのアプローチ

ものであった[16]。過去の 6 年間の購買履歴データから、全米 1200 の顧客企業に対して締結した 3300 件の売買契約について調査がなされた。このうち 42％に特別な契約条件が設定されており、契約締結から 3 年の間に追加ビジネスによる収益が上げられていることが確認された。

成果：特別な契約条件を設定したシステム取引の増加（67％から98％、3 四半期）

調査結果に基づき、ハードウエア担当の営業には積極的に特別条件を付加するよう動機付けが行われた。こうした取引を促進する様々な施策も開始され、営業向けインセンティブプランも修正された。観察調査と分析結果から、特定のハードウエアにおいては取引に特別な契約条件を付加する措置を講じるべきであることを IBM のシニアリーダーは確信していた。

特別な契約条件の付加率が 1 ポイント上昇するごとに、年間約 1000 万ドルの新たな収益が創出されると推定された。こうしたシステム取引が占める比率は、2007 年第 4 四半期の 67％から 2008 年第 1 四半期の 89％、2008 年第 2 四

特別な契約条件を付帯したハードウエアの契約の割合

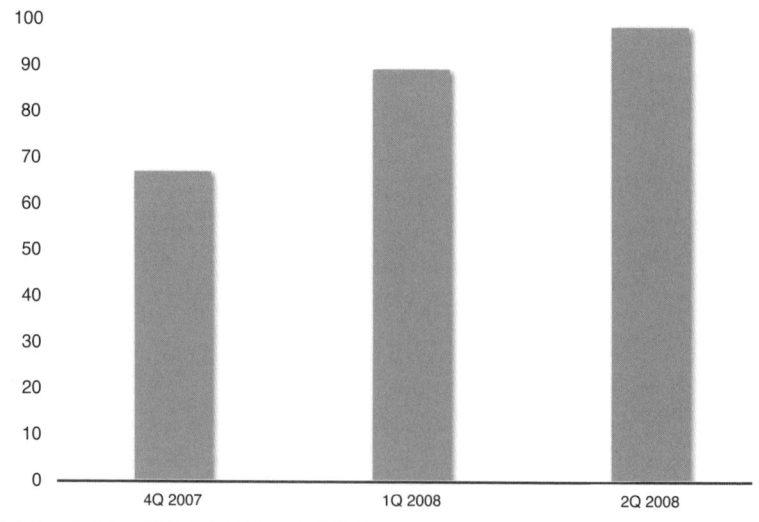

図 6-2　特別な契約条件を付帯した契約比率の 67％から 98％への増加（2007/ 4Q – 2008/ 2Q）

半期の98％へと拡大した（図6-2）。このプロジェクトは2008年に名誉ある社内アワードであるMarket Development & Insights Innovation Awardを受賞した。

2つ目のケーススタディーはバスケット分析である。これはハードウエアとサービスオファリングを組み合わせた提案により成約率が高まる可能性に注目したものである。ハードウエア単独ではなくサービス部門との協力に基づき、よりソリューションとしての完成度を上げて提案すると成約率は上昇するという仮説であった。

エグゼクティブスポンサーはこうした提案の方がより高い成約率が見込めることを経験的・直感的に認識していたが、サイロ化した異なる2部門に協力させるには何らかの証拠を提示し、納得させる必要があった。例えば、協力して提案することで、取引の複雑さの増大など想定されるマイナス面を上回る価値が得られるか、協業が積極的に推進された場合、2つの部門にとって真にWin-Winの提案となるか、それぞれにとっての協業の価値とは何であるか。こうした重要な問いに答えることが必要であった。

これに対し、3年間分の米国の顧客企業1万6000社の約5万件の提案事例について調査が行われた。事例それぞれについて感度分析を行うことで、どのくらいの差異で結論が変化するかを確認した。その結果、このアプローチはハードウエア、サービスの両部門にとってWin-Winの提案であることが確認された。

ビジネス課題：IBMのデジタル戦略に影響を与える洞察をツイートから獲得

ここでは、本書で紹介する他のエピソードと若干趣の異なるものを取り上げる。すなわち、アナリティクス文化を醸成しながらビジネスの洞察も得られる、楽しくかつ革新的な取り組みについてである。2012年、IBMは初の「クランチデイ（Crunch Day）」を開催した。「クランチデイ」とは、Keith Hermizs（IBM基礎研究所 Research Scientist 兼 Leader,Analytics Practitioners Community）が発案した一種のイベントで、Iron Chefなどのいわゆるリアリティー番組から発想を得たものである。

同氏は、こうした人気のあるリアリティー番組の要素を取り入れることで、ビッグデータとアナリティクスの応用に対するIBM社内での関心を高めることが可能なのではないかと考えた。すなわち、有能な人材を特別な環境に置き、極端に厳しい期限を設け、互いに競わせさせたのであるこれにより関心を高めるだけでなく、卓越した成果をも得られるのではないかというアイデアである。

「クランチデイ」の参加者に与えられる課題は、わずか24時間の持ち時間の中で40万件以上のTwitterのツイートを分析し、得られた洞察から社内スポンサーであるマネジメント向けの提言を作成する、というものだった。イベント企画側には、クランチデイで得られた洞察を積極的に採用したいと考える社内スポンサーを見つけるという課題が課せられていたが、マーケティング部門の働きにより、Edwardsが本イベントの社内スポンサーとなった。

各チームはTwitterのテキストデータを整理分析し、洞察を引き出し、エグゼクティブサマリーをまとめなければならなかった。そして、シニアエグゼクティブをはじめとした8人の審査員からなるパネルの前に立ち、10分間で結果を発表した。

発表された「クランチデイ」各チームの提言は、2012年以降のIBMのデジタル戦略と開発に影響を与えるとともに、IBMの事業部門やプレスチームの様々なソーシャルメディア向け活動の指針としても役立った。世界各地、12の時間帯から130人の参加者が集結し、14のチームを結成したこのイベントは、2013年にはソーシャルビジネスに重点を置いて再び開催され、継続的なイベントとなっている。

Hardik Dave（Senior Business Analyst）はこのように述べている。「クランチデイは私とチームにとって実に心躍る経験だった。社内スポンサーが知りたがっていたビジネス上の課題は、IBMのTwitterでの活動が、ビッグデータ、IBMのハードウエアシステムPureSystems、マスターズゴルフトーナメントなど、IBMにとって重要なトピックスに関する他のツイートにどのような影響を与えているのか、ということだった」

成果：獲得した洞察に裏付けられたデジタル戦略の変更

クランチデイのイベントではいくつかの重要な発見が得られた。

一つは、TwitterでのIBM関連のトピックにはIBMが大きな影響力を持っているということである。これは発信者がIBMの公式TwitterIDでもIBM

社員の個人のIDでも同様であった。これはプラスの影響を与える場合もあればマイナスの影響が出る場合もあるが、いずれにせよ、Marketing & Communicationのチームは慎重に計画を立てて発信する必要があるということである。

このようにクランチデイは、論証に基づきIBMのソーシャル戦略に多大な影響を与えた。また、あるチームは、IBMは考えているほどソーシャルメディアの声を聞けていないことを指摘し、これに対しても是正措置が講じられた。加えて、別の分析では、IBMにとって重要な主要業績評価指標に関し、ある競合他社の方が優勢であるという重要な指摘がなされた。これに対してもIBMは対策を講じ解決のための資金調達を行った。

このイベントの結果を受けて一連の対策が講じられた。つまり、マーケティング投資領域の優先順位付けを変え、ソーシャルチャネル上でのIBMのメッセージの照準をさらに絞り込み、より効率的に伝わるようにした。

社内スポンサーであるEdwardsはイベントを総括して次のように語っている。「IBMで働くことの大きな利点の一つは、膨大な人数に上る有能な人材プールを活用できることだが、クランチデイはそれを示す完璧な例だ。私は、IBMのアナリストコミュニティーがTwitterのデータから抽出した洞察に深い感銘を受けた。それはIBMブランドがTwitter上でどのように認知されているのかを明確に示している。また、有益な情報をノイズからより有効に抽出する手法についての素晴らしいアイデアも提示された」

クランチデイの審査員も務めたRoss Mauri（Vice President, Analytics and Social Transformation）も以下のように述べている。「私は各チームの洞察の多様さ、分析アプローチの独創性、そして国をまたぐコラボレーションで使用したツールの種類の豊富さに深く感銘を受けました」。

このイベントのリアリティー番組的な側面は、14のチームが即座に集結して同一のデータセットを分析することで、ビジネスに影響を与える多様な洞察を導き出したという点である。Doug Dow（Business Analytics TransformationのVice President）とBrenda Dietrich（IBM Watson Fellow兼Vice President, Emerging Technology）は、このイベントの共同スポンサーを務めた。Dowは、「クランチデイは、アナリティクスがIBMを革新的な方法でよりスマートにする上でどう役立つかを示してくれた」と述べている。

また、Dietrichも以下のように述べている。「私はチームのレベルの高さと

多様性に大満足した。彼らは膨大な量のデータから有用なデータを協力しあって分析・抽出した。関連のないデータも大量に含まれていたが、チームは実際のビジネスエンドユーザーにとって価値ある要素を抽出した」

教訓

「**実現できるところから着手する**」――IBMのマーケティング部門は、かつて収集されることのなかった企業内個人の顧客マスターの構築に取り組んでいる。だが、今すぐに価値ある知見が得られる「完璧なデータ」を待っているわけではない。どのプロジェクトもまず利用可能なデータで開始し、アジャイルな開発手法を用いることで利用可能になったら新たな機能とデータを取り入れている。

「**実績ある手段を適用する**」――マーケティング部門は調査結果「アナリティクス：事業価値を生み出すブループリント」で概説し、第1章「ビッグデータとアナリティクスに注目する理由」でも説明した「価値の源泉」「測定」「プラットフォーム」の活用という3つの基盤をなす手段を適用することによってビッグデータとアナリティクスの利用を可能にした。この3つに加え、経営層のリーダーシップを通じて、スポンサーシップの活用という手段も適用した。さらには、クランチデイの初の社内スポンサーを務めるという革新的な一歩を踏み出し「企業文化」の変革という手段を有効に活用して意思決定プロセスを変革した。

「**今日手にしているデータから推察した関係性は、明日収集するデータには見つからないかもしれない**」――データを使い原因となる事象を特定することは、マーケティングの分野で物事を深く理解するために役立つ。しかしながら、ここで推測した因果関係はあっという間に変化してしまう可能性があるため、常に最新の推測を得るためにアジャイルな開発環境が必要となる。なお、これはすぐに変化するものに対しては分析を行う価値がないということを意味するのではない。変化に即座に対応できるアジャイルな開発環境を利用することこそが極めて有益である、ということだ。

「**分析プロジェクトは、短期間で楽しみながら大きな効果を享受できる**」――クランチデイの構想を初めて思いついた時の目的は、より多くの人にアナリ

ティクスに興味を持ってもらい、その過程に楽しみを見いだしてもらうことだった。つまり、アナリティクスに対する認識を高め、その分野の専門家とアナリティクスに関心を持つ人を結び付け、全社で広くアナリティクスが利用されるようにすることである。24時間で有益なビジネス上の洞察を引き出すことは、クランチデイの重要な成功要因ではなかった。しかしながら、いざ行ってみると、短期間かつ楽しいものであっても、アナリティクスのプロジェクト（もしくはイベント）がいかにパワフルであるかを証明するものとなった。

第7章

測定不可能なものを測定

> 「アナリティクスプロジェクトにより現状に挑むのでなければ、変革は推進できない」
>
> Nick Kodochnikov, Executive Program Manager, Business Analytics Transformation, IBM Corporation

取り組みの方向性：ソフトウエア開発組織における高度なスキルを持つ人財の最適化

　IBM は、2005 年から 2013 年にかけて、アナリティクスソフトウエア企業 34 社の買収に総額 170 億ドルを超える投資を行ってきた。これは、IBM がこの市場を重要視している証しである。これらの企業買収は、IBM の製品ポートフォリオの変化だけでなく、IBM の社員とリーダーのスキル構成や企業文化にも影響を与えた。

　例えば、被買収企業出身である経営幹部2人は現在、IBM における製品開発の変革を推進している。被買収企業である SPSS の Doug Dow と ILOG の Jean-Frangois Abramatic は、はじめは IBM のソフトウエア部門に別々にいたが、今は IBM の中で一緒に働いている。彼らは変革推進の重要な職務に就き、SPSS および ILOG ブランドの枠を超えた課題に対処している。

第 7 章　測定不可能なものを測定

　Abramatic は新たに設置された Develop Enterprise Transforamtion Initiative における Development Productivity and Innovation の Director に就き、Dow は Business Analytics Transformation 担当 Vice President へ就任した。いずれも新設のポストで、アナリティクスによるビジネス価値を広範囲にわたり推進する責任を担う。Abramatic と Dow はそれぞれ ILOG と SPSS に在籍中から知り合いであり、変革推進の任務に就いた後もごく自然に協働している。

　IBM は長年にわたってサプライチェーン領域でアナリティクスを活用しており、さらに、経理財務、人財管理をはじめ他部署へアナリティクス適用領域を広げている。しかしソフトウエア開発組織では、2011 年時点においては、目立ったアナリティクスプロジェクトは実施されていなかった。Dow と Abramatic は、アナリティクスを活用した IBM 製品開発者の業務と勤務場所の変革を共同で提案した。

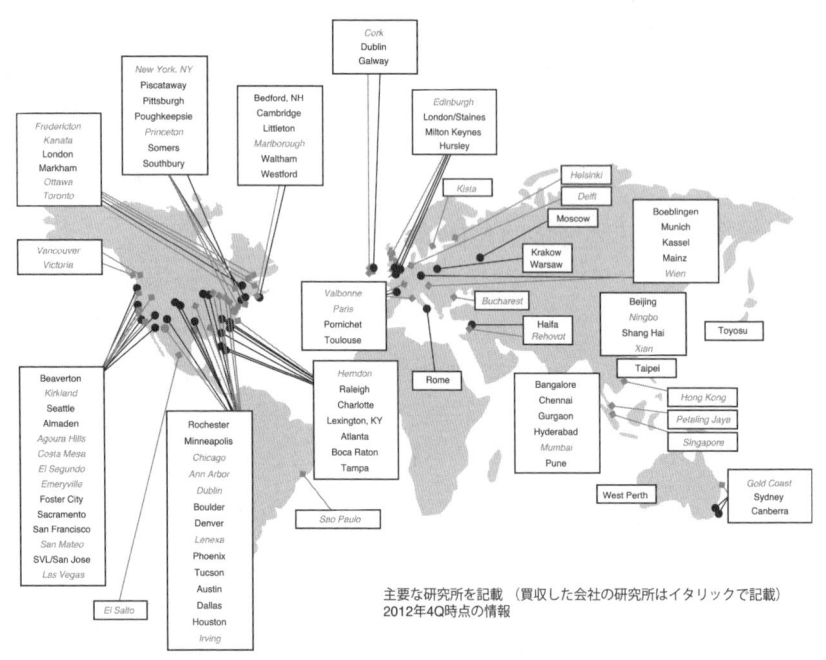

主要な研究所を記載　（買収した会社の研究所はイタリックで記載）
2012年4Q時点の情報

図 7-1　ソフトウエア研究所の所在地

図7-1は全世界のソフトウエア研究所の所在地を表したものである。Abramaticは、DowおよびDow配下のプロジェクトリーダーの1人であるNick Kadochnikovと協力し、膨大なデータ量、複雑さおよび規模に起因し多くの人が測定不可能と考えていることを、測定することにした。

このプロジェクトの立ち上げが必要だった理由は、「測定できないものを管理することはできない」という古い格言が、長年にわたってIBMのソフトウエア製品開発におけるアナリティクスの活用を阻害してきたことにある。

ビジネス課題：意思決定を可能にする開発費用の共通の見方を定義する

ビジネス上の課題は、事実に基づいて開発要員に関する意思決定を行えるよう、製品および地域をまたがって開発費用を可視化することであった。ハードウエアやソフトウエアの開発者は世界各地の拠点に分散しており、その費用や生産性を共通の指標で管理していなかった。

開発組織に共通の評価指標とプロフィールを設定することで、開発要員が測定可能となり、結果的に品質の高い開発、その効率化、さらなる改善が促進すると考えられた。地域をまたがった協働の場合、地域、職位、経験といった特性と併せて、開発者の生産性を把握し、開発を分散した場合の影響を理解できることが重要である。

また、様々な経済シナリオの下で将来の開発要員計画を評価できることが必要となる。このプロジェクトはこれらの目標を達成するための基盤を構築するものであった。

開発費用ベースラインプロジェクト（開発費用を可視化し、基準値を定めるプロジェクト）

ソフトウエア開発組織におけるアナリティクス活用を検討した結果、開発費用ベースラインプロジェクトと呼ばれる基礎的なプロジェクトがその第一歩として不可欠であることが分かった。このプロジェクトは様々なアナリティクスの利用を可能にするものであり、このプロジェクトなしに、他のプロジェクト

第7章　測定不可能なものを測定

は実施不可能だったと考えられる。

このプロジェクト自体では、直接の投資利益率（ROI）を証明できるものではなく、ビジネスケースの作成は困難であった。そしてこれは、明確にROIが定義されているはるかに小規模なプロジェクトと、資金をめぐり競合した。

ベースラインプロジェクトでは、権限とデータのサイロ（組織の縦割り構造）を打ち壊す必要があった。開発費用のベースラインは、開発プロセスの変更がビジネスに与える影響の測定に利用可能である。

そして、その作成のためには、人事や経理財務をはじめ様々な部門のデータが必要とされた。Kadochnikovが初期段階で行った専門家へのインタビューの中で最もよく耳にした意見は、「そんなことはできるはずがない」というものであった。とりわけ本音をよく表している反応は「そのプロジェクトの実施を命じられたら、転職先を探す」であった。幸いKadochnikovは挑戦を好み、この任務の実施が「不可能」だと聞くと、「不可能なことを成し遂げる」ための革新的な方法を考案することに意欲を示した。

アナリティクスプロジェクトでは、複数のシステムにまたがったデータを集

2つのトランザクションシステム上の情報

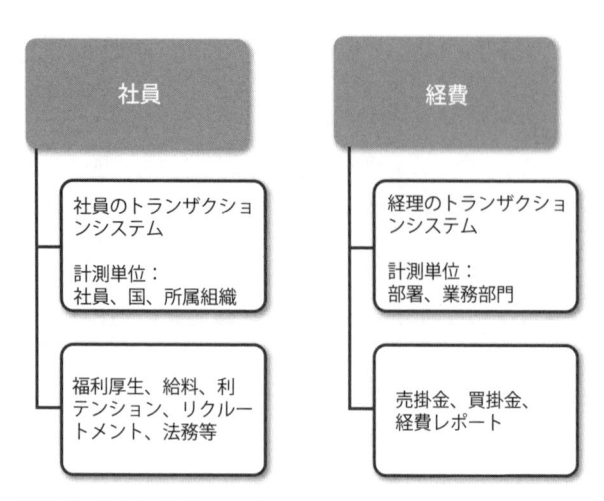

```
       社員                          経費
        │                             │
   ┌────┴────┐                   ┌────┴────┐
   │社員のトラン│                   │経理のトラン│
   │ザクション  │                   │ザクション  │
   │システム   │                   │システム   │
   │          │                   │          │
   │計測単位： │                   │計測単位： │
   │社員、国、 │                   │部署、業務 │
   │所属組織   │                   │部門       │
   └─────────┘                   └─────────┘
   ┌─────────┐                   ┌─────────┐
   │福利厚生、給│                   │売掛金、買 │
   │料、利テン  │                   │掛金、経費 │
   │ション、リク│                   │レポート   │
   │ルートメン  │                   │          │
   │ト、法務等  │                   │          │
   └─────────┘                   └─────────┘
```

図 7-2　社員データと経費データの部門サイロを越えた統合

約することにより、データ間の壁を壊すアプローチをよくとる。さらに、アナリティクスが組織の各部門に幅広く導入されると、その利用拡大に伴い、組織の壁を壊すことが必要となるケースが増える。

そして、これは通常難しい課題となり得る。実際このプロジェクトにおいても、人事部門が持っている社員に関するデータへのアクセスを要請した際、IBMの人事部門からの最初の回答は予想通り否定的なものだった。経理財務部門も同様に、必要とする費用と収益に関するデータの提供に抵抗した。

ベースラインを明確にするために必要となるデータの入手には、数多くの障害があったが、アナリティクスチームは適切なデータの収集には長い年月と多額の資金が必要だという、肝心のポイントを抑えていた。そのため、チームはデータがそろうのを待つ代わりに、即座に入手できるデータを元として、足りないデータを補うためにアナリティクスを活用することを選択した（図7-2）。

ベースラインプロジェクトは人員の最適化を目的としていた。IBMは「ブランド」と呼ばれる製品カテゴリーごとに多くのソフトウエア製品を持ち、各ブランドは独自の開発チームを持っていた。IBMは多国籍企業から「真に統合されたグローバル企業（GIE：Globally Integrated Enterprise）」へ移行する中で、変革のためにいくつかの組織変更を実施した。GIEという概念はIBMの元CEOであるSam Palmisanoが執筆し、2006年にCouncil on Foreign Relationsによって公表された記事に以下のように概説されている。

「ビジネスはグローバル化と新しいテクノロジーの必要性に対応し、組織構造、オペレーション、および文化の面で根本的に変化している。IBMのCEO兼取締役会会長として、私はIBM社内と顧客企業においてこうした変化を目の当たりにした。そして、政府関係者、学者、非政府組織、コミュニティーリーダー、および企業経営者がこうした状況に適切に対処するには、過去のモデルに重点を置くのではなく、将来のグローバル企業のあり方とその新しいグローバル企業への変革における影響について考慮すべきと考える」[1]

Palmisanoの言うGIEでは、開発などの部門が縦割り構造のサイロで業務を行うのではなく、組織全体にわたり全体最適で能力を活用することが可能となる。

ブルームバーグのブログエントリー「How IBM's Sam Palmisano Redefined

the Global Corporation」の中で、Bill George は次のように述べている[2]。「GIE のビジネスモデルは、Palmisano が 21 世紀型のグローバル企業への変革を目指したものであり、IBM の成功の背後にある実際のストーリーである。Palmisano は指揮統制型の企業文化は 21 世紀には機能しないという認識の下、リーダーシップを価値に基づいて主導することと定義し、独自の協業的な組織体制を構築した」。この GIE への移行の流れを受けて構築された組織が「Development Enterprise Transformation Initiative（Dev ETI）」である。これは、IBM の全開発部門における開発プロセスの効率性の向上を支援することを目的としていた。

Abramatic とそのチームメンバーは、新しいツールとプロセスを採用してもらうためには、各開発組織の協力が必要であることを理解していた。変革は、特にプロセスやツールの変更が関わる場合、推進が難しくなることが多い。それは、開発組織に新しいプロセスやツールのメリットを納得させるのは容易ではないからである。

開発費用ベースラインプロジェクトのフェーズ 1 は、ブランド、組織および国の枠を越えて、各開発部門の支出について共通理解をすることが目的だった。フェーズ 1 で共通理解が得られ、次は開発部門全体の生産性を測定する第 2 フェーズ、開発生産性向上プロジェクトへとつなげた。これは、複数の開発チームのメンバーと連携を図りながら現在開発中である。範囲が広く、また新しいユーザーが関与したプロジェクトでは、早く実施することとそのフィードバックを行うことがその成功に不可欠である。

プロジェクトのゴールはアナリティクスモデルの構築であり、そのモデルを用いて、開発組織のオペレーションの理解を深めることを狙っていた。ビジネスユーザーとアナリティクスの専門家が共同でツールを反復的に使用することで精度が向上し、またそのモデルの有用性が高まっていくことが分かった。

Abramatic は、こうしたプロジェクトを推進することができたのは、IBM が組織を挙げて変革へ注力したことと、変革推進を使命とする Abramatic や Dow のチームのようなグループが存在したからだと考えている。必要ではあるが不可能と考えられる作業を引き受けようとする組織は、通常は少ないと考えられる。しかし、この変革遂行を使命とする組織は、仮説に異論を唱え、障害を打破し、変革の価値を定量化していく仕組みとそれを支える企業文化を持っている。実行可能なことを見極め、障害を克服できる洞察がなければ、今

回実現した基礎が築かれることはなかったであろう。
　開発費用ベースラインプロジェクトには以下の3つの課題があった。

■データ
■ツールとインフラ
■組織

　プロジェクトでは、アナリティクスによるビジネス変革を成功させるため、業務の専門知識とアナリティクスのノウハウを組み合わせた。Kadochnikov はアナリティクスツールの導入を主導し、一方、Dev ETI チームのメンバーである Peter Bradford は業務の専門知識を提供し、また開発組織メンバーとの個人的な関係を活用した。データに関しては、以下の課題があった。

■データへのアクセスが困難である
■アクセスは可能であるが、データが処理しにくい
■データに「ノイズ」が含まれている
■データが様々なサイロに分散している
■定期的な保守が行われていないデータが大半を占める

　Kadochnikov はこれらの課題の対処にかなりの時間をかけた。様々なデータソースから収集したデータを、正しく結合し、正規化するだけでも約60ものステップを実行しなければならなかった。
　データの課題の大半は、財務、会計、人事など既存のデータマート（データウエアハウスの中から利用部門が利用目的に合ったデータのみを所持するもの）が独自に構築され、開発機能全体の視点で支出を算出するように設計されていないことに起因していた。データを一貫性を持って測定できることは、ベンチマークやベストプラクティスを活用する上で極めて重要である。
　実際は、この測定の一貫性を実現することは困難であった。ソフトウエアグループには最近買収した企業数社が含まれ、開発要員は世界各地に分散していたためである。一貫性の欠如は極めて深刻であった。例えば、役職名が意味する内容は開発組織ごとに異なり、開発担当者が行う職務を正しく表現していないことが多かった。

こうした情報が多数の被買収企業に由来し、主としてビジネスを行っていた国も異なることから考えると、当然のことと言える。そして、そもそもこれらの情報は、人材の定着化と報酬の提供という全く異なる目的で作られたものであった。

対応のため、チームは入手可能な職種に関する変数をすべてモデルに組み入れた。人事部門はそれぞれの変数に異なる目的を設定していたが、それらをすべて組み合わせることによって、各変数だけでなく、変数全体で「最も優れた」情報を生み出すという価値をもたらした。組織名、ID、主な職務、職種、地位、職務コードといったレガシーソースのシステム変数は、社内のBlue Page（IBM社員のディレクトリー）にある職務明細など、社員が自主的に提供する情報と合わせて分析された。

チームはすべての情報を組み合わせ、ビジネスルールを抽出した。例えば、ある組織でアプリケーション開発者という役職に就いている人は、別の組織で同様の役職を持つ人と全く異なる職務を行う場合があることが分かった。この検証のため、社員が自主的に提供するBlue Pageの職務明細の情報は極めて有益であった。

ただし、Blue Pageは社員による同じ職務の記述の仕方に何百通りものバリエーションがあるため、それ自体単独で使用することはできなかった。一貫した職務の分類が決まり、複数の関係者による検証が行われた後、チームは開発要員とその業務について共通の見方を確立できた。これは、全社における開発費用可視化の取り組みの第1段階である。

IBMの財務および会計システムでは、社員個人レベルの収益と費用のデータまでは追跡していない。利用可能な費用データは部門以上であり、かつ部門コードの記録方法が財務システムと人事システムとで異なっていた。また、ほとんどの開発組織に、プロジェクトスポンサーや親会社から研究開発組織への資金の拠出方法を反映した、多数の特別な会計規則があった。

こうした特別な会計規則への対応には時間がかかり、基礎データに関する詳細な知識が必要とされた。チームは数千にも及ぶデータレコードを手作業で見直し、各研究所や研究プロジェクトへの開発費用の配分方法を把握することにより、数百ものルールを抽出しなければならなかった。この手作業での見直しを通じ、予想外のことが明らかになった。

例えば、我々がそれまで入手していた研究開発費明細の中にはスイスのデー

タはなかったが、人事データと突き合わせることで、スイスにはチューリッヒに大規模な研究開発所があるのにデータがないことの矛盾を発見し、データを補正することができた。プロジェクトを成功させるために、こうした特別なルールの一つひとつを理解し、解決しなければならなかった。チームは、プロジェクトの初期の段階で相談した専門家が、この作業を実施不可能だと言った理由が、この時よく分かった。

このアナリティクスの目的は、費用を開発担当者の職務単位で配分し、より詳細な分析を可能にすることであった。一方で、業務担当役員や経理財務スタッフが全体の費用の総計を認識できるよう、会計上の総計はそのまま維持しなければならなかった。従来のモデリング手法ではこうした種類の集約データや部門、部署あるいは国の違いに対処できないため、アナリティクスチームは従来とは異なるアプローチを取らざるを得なかった。

新たなアプローチではテキストマイニング（文字列を対象としたデータマイニング）を使用した。チームは例えば職務記述書を分析し、約890のルールを作成してIBM全体の職務分類に当てはめた。職務分類を決定した後、費用データと2つの異なるソース（会計と人事）の最小限の共通データを作成した。

会計と人事では部門の名称や特別会計規則が異なるため、部門の実際の費用を各社員に配分することは不可能であった。会計データが集約されているため、欠落した変数を補完する従来のモデリング手法ではよい結果は得られなかった。

何度も試行を重ねた末、プロジェクトチームは最近傍アルゴリズム（距離空間において近傍にある既知のデータの値から対象データの値を決める機械学習の一手法）を用いて、費用が既知である社員の情報を用いて、費用が未知である社員の費用を予測する方法を見つけた。次にチームは米国国勢調査局が使用する手法であるIPF（Iterative Proportional Fitting）法を用いて、会計上の総計と会計記録とを一致させた。

開発費用ベースラインプロジェクトの本番システムでは、テキストマイニングと分類に用いられる「SPSS Modeler」（IBMの統計分析ソフトウエア製品）と、データ準備、移行および上述したアルゴリズムとProportional Fittingモデルの導入に用いられる「SPSS Statistics」（IBMの統計分析ソフトウエア製品）が使用された。最終的に、4万3000人の社員全員の開発活動分類ごとの費用を出力できるように、SPSS Statisticsでは約900のテキストアナリティクスルー

ルと 4000 行以上のコードが使用された。

　開発費用ベースラインプロジェクトにおいて、利用者の信頼を得ることの重要性については、チームのメンバー全員が理解していた。Bradford と Kadochnikov は長い時間をかけてステークホルダーや開発チームのメンバーとユースケースについて話し合い、モデルを共有し、ロジックを確認し、プロジェクトを IBM の開発組織全体に取り入れるにはどうすればよいかを検討した。ただし、この先 Dev ETI チームが社内の全ソフトウエア開発組織にこのアナリティクスモデルを推進していく際には、さらなる課題が待ち受けていることだろう。

成果：開発費用ベースラインプロジェクトは測定不可能なものを測定できることを証明

　この経験における重要なポイントは、不可能と見なされていたことをアナリティクス活用により実現できたことである。チームは、以前は不可能であった詳細度で費用を可視化することに成功した。情報が詳細になることによって、行動を促すために必要なビジネス上の洞察につながった。チームはすべての組み合わせで情報の確認を行い、詳細な粒度でそれを検証し、データに基づいて意思決定を行うために必要なデータの信頼性を確立した。

　このプロジェクトはかつて不可能と考えられていた分野に取り組んだ。数年後には、かつては検討することもできなかった他のプロジェクトを実行可能にしているであろう。

教訓

　「**アナリティクスは不完全なデータのギャップを埋めるために利用することができる**」——開発費用ベースラインプロジェクトはデータに関して難しい課題を抱えており、チームは目標達成のためにデータのギャップを埋める方法を考案しなければならなかった。アナリティクスはこうしたギャップを埋め、様々な情報サイロに分散していた異質なデータと定義を一致させる手段を提供した。

　「**基礎的プロジェクトへの投資は将来の新たな機会を実現する**」——リーダー

シップとコミットメントがこの基礎的プロジェクトを可能にしたが、将来の価値は、このプロジェクトを基盤とした他のアナリティクスプロジェクトが実施されるとともにもたらされるであろう。

　「9つの手段を活用することが大切である」——第1章「ビッグデータとアナリティクスに注目する理由」で述べたように、差異化のための9つの手段の活用に長けた組織はビッグデータとアナリティクスから最大限の価値を引き出す[3]。開発費用ベースラインプロジェクトでは、開発費用を可視化する新たな全社的な見方の提供を通じて、「価値の源泉」を活用した。また、かつては複雑すぎて測定不可能であったものを測定する機能を画期的な方法で生み出す「測定」を活用した。さらにデータに基づいて意思決定を行う上で必要な信頼性を確立するため、協力してモデルに取り組み、検証する「データ」を使用した。

第8章

製造の最適化

> 「膨大なデータを用い、高度なアナリティクスを適用することによって、半導体製造の領域での製品の品質管理と生産性を大幅に向上させた。だが、おそらくそれよりも重要なことは、そのような分析が長い時間をかけて、製品パフォーマンスに影響を及ぼす未知の仕組みを明らかにしたことだ」
>
> Robert J. Baseman, Senior Technical Scientist, IBM Research, IBM Corporation

取り組みの方向性:製造と製品管理に対するアナリティクスの採用

電子機器、自動車、消費財などの大半の製造業者が直面している課題と同様の課題にIBMも直面している。製造業企業は、生産性の向上、コストとリソースの管理、需要と供給の予測などを実現しようと懸命に努力している。IBMに限らず他の企業の製造工程にアナリティクスを使用することで多大なメリットを享受し、業績を向上させることができる。例えば、製造設備は、早期に警告を発し、故障を予測して事前の保守を可能にするセンサーを搭載できる。センサーから得たデータ、およびトランザクションデータの蓄積は著しく増加しており、製造業企業はアナリティクスを使用して洞察を得て、業績を向上させ

ることが可能である。

IBM は、半導体の設計、開発、製造において現在アナリティクスと呼ばれている技法を、少なくとも 1950 年代後半から使用している。半導体の開発と製造において IBM は数十年もの間半導体デバイスに関するデータを収集し、そのデータの統計的属性を日々分析してきた。例えば、シリコン素子を製造する際、素子は様々な電気的テストを受け、目標とする仕様に沿って機能しているかどうかが検査される。データはこの半導体の製造工程で収集され、製品の歩留まり（正しく機能する素子の割合）を向上するべく、製造工程の変更を判断するために分析される。

最適化の技法は、半導体や回路基板などのコンピュータ部品などの製造において、数十年間にわたって使用されてきており、その対象とする問題は製造ラインの配置から生産のスケジューリングにまで及ぶ。例えば、IBM は 1960 年に、線形計画法を使用して製造ラインの生産スケジュールを決定している。半導体の設計や製造におけるアナリティクスの使用は、1960 年代以降急速に増加した。演算速度と数学的アルゴリズムの向上により、定常的に解くことができる問題のサイズが大幅に増大したためである。

本章では、多くの事例の中でも、データを豊富に持つ IBM の最先端 300mm 半導体製造工場から以下の 3 つを選択した。

■製造ラインの生産計画を立案する複雑な最適化スケジューラー
■ビッグデータとアナリティクスを使用した半導体製造の歩留まり向上
■データとアナリティクスを使用した製造処理工程における異常検出までの時間の削減

また、本章の 4 件目の内容は、これら 3 件の内容とは異なり、製造においてではなく、ハードウエア製品ポートフォリオの最適化において、データとアナリティクスを使用した事例について述べていく。

ビジネス課題：半導体製造工場における複雑な製造工程のスケジューリング

2002年7月にニューヨーク州フィッシュキルに開設されたIBMの300mm半導体製造工場は、世界初の完全に自動化された半導体工場の一つであった[1]。

半導体の処理はシリコンウェハーから始まる。ウェハーは、注意深く成長させた円柱状のシリコン結晶を、0.75mm程度の厚さに薄くスライスして作られる。その後、電子素子と、それらの素子をつなぐ回路を作成する一連の製造工程を経る[2]。半導体製造は、「リエントラントフロー」と特徴付けられる。つまり、同じ装置一式が、何層もの回路層を構築するために、ウェハーに対して繰り返し使用される。半導体製造ラインは、様々な製品、および様々な製品が同じライン上で製造されているため、スケジューリングが困難である。「先入れ先出し」「最短処理時間のものが先」「完成間近なものが先」など、単純なルール適用では製造ラインの稼働率の低下を招く可能性がある。

フィッシュキル工場では、直径が300mmのシリコンウェハーが使用される。工場が通常「300mm製造工場」と呼ばれるのはそのためである。この工場は1万3千㎡の面積があり、パイプとチューブが320km、ケーブルと配線が1000kmある[3]。また、新製品の開発と、通常製品の製造の双方を行っている。開発と製造を1つの生産ラインに統合することで、新製品の市場投入までの時間を著しく短縮できる。

しかしながら、ラインを2重に使用することにより、ラインの自動化と生産能力の配分スケジューリングは著しく複雑になる。これはウェハーの開発時間を短縮するために、製造よりも開発が高い優先度を持つためである。ウェハーが関与する製造工程では、数百もの処理手順が行われるが、そのうち最も複雑な手順は、化学蒸着、エッチング、拡散、焼き付け、イオン注入などである[4]。最先端のマイクロプロセッサーなど、一般的にチップと呼ばれる1つの半導体素子には数億のトランジスターがあり、1つのウェハーから数百のチップが作られることもある。ウェハーの加工とテストが完了後、ウェハーは個々のチップに切り分けられる（ウェハーの「ダイシング」と呼ばれる工程）。

IBMが解決しなければならなかった大きな問題は、様々な種類のウェハーが持つ種々の優先度を考慮しながら、全体の処理量を最大化するためには、ど

のように製造ラインを最適にスケジューリングするかということであった。それまでのIBMの製造工場では、製造ラインは主に優先順位に基づく方式でスケジューリングされており、優先順位は、待ち行列やシミュレーションモデルを用いて、完了期限までに残された時間を算出し、これにより決定されていた。そこで、IBMのMicroelectronics部門とILOG（2009年にIBMが買収）の技術者からなる共同チームが、スケジューリングとディスパッチ処理の改善のために結成された。

当初、チームは300mm製造工場での工程をスケジューリングする手法に、待ち行列理論を検討していた。しかしながら、待ち行列理論は製造工場の複雑性を取り込むことができず、十分な成果をもたらさないことがすぐに判明した。装置の使用履歴や計画的保守など、工場では多くのより複雑な条件に対処する必要があった。製造工場ラインの効率的なスケジューラーがなければ、原材料と製造設備が非効率的に使用され、時間に制約のある工程が遅れる可能性がある。

IBMとILOGは協業して、製造工場をスケジューリングする専用の複合アルゴリズムとして、混合整数計画法と制約計画法を使用した[5]。同ソフトウエアは、半導体の製造をスケジューリングする柔軟なソリューション、ILOG Fab PowerOps（FPO）に進化した。FPOは、製造工程定義、グラフィカルな操作画面、ILOG CPLEXを基盤とする最適化エンジンで構成されており[6]、FOUPと呼ばれるウェハーの処理単位を、フォトリソグラフィー、拡散、エッチング、薄膜、埋め込みといった一連の工程の処理機械に最適に割り当てる300mm製造工場向けの包括的なスケジューリングソリューションを提供する。

FPOは、IBMの300mm製造工場向けに、ほぼリアルタイムの動的な計画立案システムを開発する中で使用された[7]。このソリューションは既存のビジネスルール方式にも対応しているため、最適な製造スケジュールを作成するとともに自動的に実行することができる。最適なスケジュールは、およそ5分ごとに、丸一日の製造工程を再計画することによって作成される。同ソリューションは、炉、液体を使用する装置、リソグラフィー装置など、工場で使用されるあらゆる種類の装置の利用を最適化する上で役立つ。また、処理量や新しいビジネスの優先度など、様々な制約を考慮して最適化を行うことが可能である。さらに、ユーザーが調査、分析、スケジューラーの微調整を行える操作画面を備えている。

Pierre Haren（当時ILOG Chairman,CEO）に製造でのILOG FPOの使用について尋ねたところ、Harenは「このソリューションは、世界中の様々な工程

において、機械の非稼働時間を最小限に抑え、工場での材料の流れを最適化する。つまり我々は、世界が途切れ途切れに進むのではなく滑らかに流れるようにしているのだ」と述べている。

　FPO ソフトウエアの導入における初期の課題の一つは、ソフトウエアがしばらく装置を使用しないよう指示を出した場合、たとえその装置で行える作業が存在しても、製造ラインの従業員にその割り出されたスケジュールに従ってもらうことだった。このソフトウエアは、多くの選択肢を評価し、その時点で可能な作業を処理し始めるよりも、追加や代わりの作業が到着するまでのしばらくの間、装置を使用しないで待つ方が適切であると判断した場合、そのような指示を出す。コンピュータが人間を相手にチェスをし、3手先を読んでいるようなもので、これには説明が必要であった。

　ILOG チームは、機械を使用しない時間に対してガントチャートなどの視覚的な説明を提供することで、ソフトウエアからの指示を受け入れてもらえることが分かった。例えば、装置を5分間使用しないと、優先度の低い50のウェハーの処理が一時的に遅れる可能性があるものの、それらのウェハーの納期に大きな影響を与えることなく、優先度の高い100のウェハーを早く処理できるということが、製造ラインの従業員に理解できるようになる。ILOG の作成するスケジュールは、「大局的な」視点と、詳細な数百もの処理工程すべての視点の両方に基づいて作成されている。

成果：製造時間の短縮

　この ILOG ソリューションは、製造時間を15%短縮すると考えられている[8]。また、状況の変化対応するために必要な余剰費も削減した。雑誌「Semiconductor International」は、IBM に 2005 Top Fab of the Year を授与した[9]。同誌の編集長である Peter Singer 氏は、IBM の 300mm 製造工場が「初回で素晴らしい」実績を打ち立てたことに強い感銘を受けた[10]。ILOG FPO が、この最初から適切なスケジュールを作成することに貢献している。

　アナリティクスは、IBM の 300mm 製造工場で製造されるチップの歩留まりを向上させ、品質を向上するためにも使用されている。製造工場は非常に多数の計器が設置されており、ビッグデータという用語が至るところで聞かれるようになる以前から、大量のデータを収集している。

第8章　製造の最適化

ビジネス課題：半導体製造における歩留まり向上

　2005年、Bernie Meyerson (Fellow)、および Brenda Dietrich は、IBM が 300mm 製造工場で収集している膨大なデータの潜在能力をフルに活用していないことに気がついた。様々な人々が、それぞれの業務の観点で異なるデータを分析していた。個々のマイクロプロセッサーの速度など、最終的な製品のパフォーマンスを考察しているエンジニアもいた。その一方で、フォトリソグラフィーを使用してウェハーに作成したある機能のサイズを調査するなど、極めて詳細なデータに注目しているエンジニアもいた。Dietrich は、工場から得られるデータを集約し、データマイニング技法をこのデータに適用することを彼女の担当する数理科学部門に提案した。

　共同作業を行うことが合意されると、Robert Baseman (IBM 基礎研究所 SeniorTechnical Staff Member) が、その担当として任命され、データを集約し、データマイニング技法を適用することで半導体製造における歩留まりを総合的に向上させることになった。Baseman は、IBM 基礎研究所の他の科学者や、IBM Systems and Technology 部門のエンジニアとともに、歩留まりと品質管理を向上する高度なアナリティクスソリューション群を構築した。このソリューションの一つである Enhanced Data Mining は、重要な製造の歩留まりと製品品質の測定に大きな影響を及ぼす具体的な装置や工程およびその組み合わせを特定するために使用される[11]。

　必要とされるチップの量を生産するために、製造工場はいくつかの処理工程用に、表面上は同一の 50 もの処理室を運用している。さらに、これらの処理室の多くは、複数の処理工程を実行できる機能を備えている。処理室の数が多く、処理室の使用方法が柔軟であり、半導体製造工場で特有の回数の多いリエントラントフロー、そして製品の多様性が極めて複雑な製造工程の履歴データを生み出している。

　この製造工場では、比較的短い期間内に、数万にも及ぶ処理室と処理の組み合わせを使用する可能性がある。使用される装置の詳細な使用順序、処理室の保守サイクルにおける状況、そして処理室の個々の選択や装置の中での配置場所でさえも最終製品の特性に変化を与える可能性があり、通常そのような影響は望ましいことではない。最終製品のいくつかの重要な特性値は、非常に狭い範囲にとどめる必要がある。例えば、マイクロプロセッサーは、搭載される製

品の仕様を満たすだけの速度が必要であるが、最終製品の設計で計画された以上のパワーを引き出す速度は不要である。マイクロプロセッサーの速度を正確に予測し、制御できることが不可欠である。

　Enhanced Data Mining は、最終製品の特性については、通常数十程度の比較的少数の重要特性値に焦点を絞っている。同ソリューションは、ウェハーの重要な特性の異常に関連する処理室および処理室の組み合わせを検出する。例えば、同じ処理を行うはずの10の処理室のうち、9つの処理室におけるウェハーの歩留まりが80％であり、10番目の処理室の歩留まりがわずか60％であることが測定により示された場合、10番目の処理室は調査する必要がある。異常な処理室を早期に特定することができれば、エンジニアはすぐに修正のための対策を実施でき、コストと無駄を削減することができる。

　このソリューションは、再帰的二分木アルゴリズムを使用して、製造履歴データを検索し、パターンを発見する。このアルゴリズムには独自の方法を含み、データマイニングによって得られた木構造からルールを抽出することで、効果と利用しやすさを最適化する。これらの方法によって、信号データは、統計分析上の価値だけではなく、実際の業務遂行上の価値をもたらす。ソリューションはまた、分析を担当するエンジニアにデータから得られた結果を提示することによって根本原因が何であるかを容易に分析可能にする。このことはソリューションの導入を成功させるために不可欠な要素である。

　製造工程から得るビッグデータは、ビッグデータの4つの「V」のうちの2つの例となる。膨大なデータ量であることから Volume（ボリューム）、そしてデータの一部はほぼリアルタイムで処理されることから Velocity（スピード）である[12]。大部分の工程では、ウェハーが処理される間に収集される追跡データを絞り込み、欠陥を検知し判別するシステムが瞬時に分析する。異常と判断される挙動が検出された場合、システムはその装置がそれ以上ウェハーを処理しないよう割り当てを防ぐことができる。

成果：歩留まり向上によるコスト削減

　IBM は、Enhanced Data Mining を使用して、歩留まりに影響を及ぼす処理室の異常動作を数十回検出し、その結果、100万ドルを超えるコスト削減を実現した[13]。

　さらに、アナリティクスを使用してチップの歩留まりを向上させ、問題が実

際に起きてしまう前に問題を検出し、製造工程を最適化することで、年間収益を 2100 万ドル増加させるとともに、年間で 3200 万ドルのコストを削減した[14]。

ビジネス課題:
異常なイベントを検出する時間の短縮

　製造工程の処理履歴データを分析することにより、歩留まり向上の機会を多数もたらすものの、重要な測定が行われるまで、チップは製造工程を進まなければならない。そのため、処理の異常が期待通り迅速に検出されない場合がある。大半の処理室は、数百もの化学・物理・機械センサーを装備しており、ウェハーが処理されている間、データを収集している。このいわゆる工程追跡データを分析することで、異常動作を検出する時間を大幅に削減できる可能性がある。

　製造工場のリアルタイムの制御システムは、工程追跡データのほんの一部を監視し、極めて異常な動作を検出した場合にのみ装置を停止させる。しかしながら、圧倒的多数の工程追跡データは、積極的に分析されることがなかった。IBM 基礎研究所の Baseman のチームは、工程追跡データのすべてをオフラインで分析するシステムの開発を支援する Tracer Framework を構築した[15]。

　追跡データの複雑な性質は、以下の複数の分析課題を提示している。

■検出すべき異常の特性には、様々な種類がある。
■異常動作と関連する可能性のあるイベントは膨大にある。表面上は同一の処理室であっても、処理室の個体差によってデータの不一致が起こる。
■データは極めて非平均的であり、統計分析上は重大な異常だが、実務上は些細な異常であるものが多数存在する。

　加えて、チームは分析のためのデータの事前処理で課題に直面した。IBM の 300mm 製造工場の装置群は、生産と開発の共同使用によって発生する絶えず変化する要求に対応するため、急速に進化している。その結果、膨大な量のデータが製造工場で生成されているものの、その多くが分析に直接使用するに

は適していない。例えば、新しい装置の中には、旧式の装置には搭載されていなかったセンサーを搭載しているものもある。また、異なる装置群や製品が異なる命名規則を使用している場合や、センサーの補正が異なっている場合もある。異なる装置を使用して収集されたデータを最終的に統合するために、これらの違いはすべて、何らかの形で標準化される必要がある。

さらに、機械が正常に動作していない場合は、誤った測定を行っている可能性がある。この場合は、異常値を確認することが必須である。

チームは製造工場のエンジニアと共に働く過程で、エンジニアがTracerから得た結果を評価する際に、どのような追加データを検討したかを学んだ。チームはまた、エンジニアに対策を講じさせるには、どのようなグラフや視覚情報が最も有効であったかも学んだ。動的な参照データがTracerの分析機能に組み込まれたため、製造装置が異常な動作を示した場合、エンジニアは、装置の短期間および長期間のデータを確認し、他の装置の類似データを容易に確認できる。Tracerの分析機能は、ノンパラメトリックで堅牢な情報理論に基づく手法を新たに応用した機能を含んでおり、劣化した部品、保守イベント、および新しい製品工程の導入に関連する様々な装置の不安定性や不適切な組み合わせを検出した。

図8-1は、エンジニアが対策を講じる前に評価できる有益なデータの例である。このデータは、その工程を実行している仕様上同一の装置（処理室）のすべてにおいて、ある処理手順24で、特定のセンサー19から得たものである。問題になっている処理室のデータは安定しており、9月6日から10月2日の間の他の処理室のデータとよく一致している。右のグラフの上の矢印は、10月4日の異常を指している。10月4日のこの処理室におけるこの値は3万を超え、

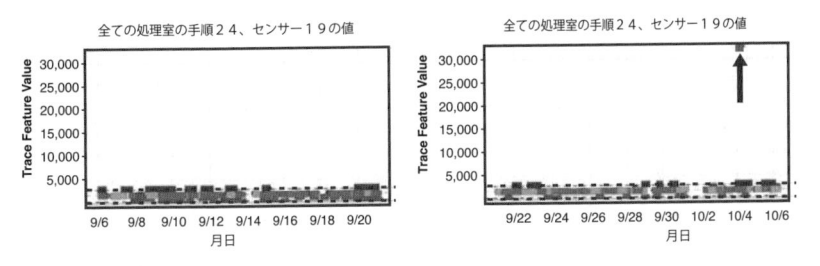

図8-1　複数処理室から得られたセンサー値の可視化

他のデータポイントよりもはるかに大きい値である。これは、この処理室の動作に大きな変化があったことを示している（この図のカラー版は、www.ibmpressbooks.com/title/ 9780133833034 参照）。

成果：エンジニアが対策を講じる

エンジニアは、Tracer が生成した 1000 件を超える問題を見つけ出し対策を講じたと報告した。

ビジネス課題：
ハードウエア製品ポートフォリオの簡素化

IBM は、全世界的に統合された企業へと変革していく一環として[16]、この変革の特定の側面を実行に移す支援を行う組織的な機構を設立した。これらの機構は、ETI（Enterprise Transformation Initiative）と呼ばれる。IBM は、ハードウエア製品ポートフォリオを簡素化するために、2007 年に HPMT（Hardware Product Management Transformation）ETI に着手した。この取り組みは現在、Cary Dollard（Vice President, Systems and Technology, Technical Operations）が指揮している。この ETI の目的は、ハードウエアポートフォリオの複雑性を低減し、IBM のコストおよび費用を削減するとともに、IBM の顧客への製品提供を簡素化することである。

製品ポートフォリオは様々な情報を数多く有しており、それらの情報はともに蓄積され、標準化される必要がある。答えるべき質問は以下の通りである。

■現在のポートフォリオにおいて、ハードウエア構成（具体的なマシンやモデル）はどのようなものか。
■マシン構成の財務実績（現在の実績）はどのようなものか。
■これらの製品と関連するオプションと機能はどのようなものか。
■これらオプションや機能と関連する容量実績はどのようなものか。
■現在の実施計画と比較して、今年の製品実績はどうであるか。
■複数年にわたる製品ライフサイクル計画と比較して、製品実績はどうであるか。

早期に提示された課題の一つは、すべての製品データが集中して保管されていなかったことである。詳細な分析を行うために、製品すべての重要側面がデータマートに蓄積されていった。このデータは、製品ハードウエアおよび互換機、発表日、発売終了日、数量、財務実績などを保持していた。データの集中保管がされ利用可能になると、Cognos を使用して、四半期ごとの部門長への報告書のためにデータを引き出し、管理者に製品の収益、マージン、利益、数量を様々な視点から提示した。製品管理者の中には、それまで製品に関するデータを包括的な視点から見たことのなかった者もいた。極めて多数の情報源からデータを集める作業が複雑であったことがその理由である。HPMT チームは、データを一極集中して見ることができれば、データの傾向がより明確で有意義になることを学んだ。

　他のすべての変革プロジェクトと同様に、このプロジェクトにはうまく機能した部分と、そうでない部分とがあった。一つの例として、IBM 基礎研究所が HPMT チームに参加し、予測情報など、製品に関する既存のすべてのデータを考慮した Portfolio Analyzer ツールを作成したことが挙げられる。Portfolio Analyzer は、様々な予測アルゴリズムを使用して、ポートフォリオに対する対応案を推奨してくれる。チームはこのツールを使用して、製品のライフサイクルに関する見積もりを行い、どの製品を販売し、どの製品を排除すべきかを、コストと利益の見積もりに基づき判断した。

　残念ながら、ツールは通常、利益率の高い製品のみを販売することを推奨した。そのため、一部のローエンド製品も対象とするような、IBM が目指すハードウェア市場の範囲とは大きな隔たりがあった。ツールの考え方は効果的であったものの、一部のビジネス上の制約がモデルに適用されていなかったため、ツールから得られる結果は有用なものではなかった。HPMT チームは、特定の製品に対してより掘り下げた分析を行うことにより、関連データをより正確に取得できることを発見した。この分析は、製品管理者に変更を推奨するために使用されるものであった。

　変革に向けた様々な変更は困難を伴うものである。ユーザーに対して、推奨される変更を実施することで、どのようなメリットが得られるのかを具体的に認識させる必要がある。HPMT チームは、以下の要素が成功を確実にすることを発見した。

■事実に基づくデータと基準は不可欠である。
■経営幹部の賛同と支援を得ることが重要である。
■製品の財務およびその領域の専門家が、早い段階から関わることが重要である。
■利益とコストに関して包括的に考えることが有用である。
■製品を将来的に改善するために、結果を次に反映させる仕組みが重要である。

成果：ハードウエア製品ポートフォリオの大幅な縮小

　HPMT の取り組みは、それまで得ることができなかった包括的で価値あるデータを製品管理者に提供した。HPMT の取り組みが成功したことを最もよく表しているのは、製品数が 50％削減され、最適なポートフォリオを持つという目的が達成された点である。新製品が発表された際に旧製品がポートフォリオから排除されるため、ポートフォリオの年間の変更は 5％未満である。

教訓

　「アナリティクスの結果を受け入れるためには、その結果がどのように得られたのかを説明することで実現する」——300mm 製造工場でスケジューリングシステムが装置を使用しないことを推奨したとき、とりわけシステムを導入したばかりの時期において、製造ラインの従業員は説明を求めた。HPMT チームは、製品ポートフォリオに対する推奨の対策をどのように導き出したかを説明するためには、事実に基づく分析が必要であることを学んだ。そうすることで、製品の管理者はその推奨に積極的に従うのだ。

　「アナリティクスの結果がより受け入れられるようなものになるためには、**個々の利用者の事情が結果に反映される必要がある**」——Tracer チームは、エンジニアを分析によって得られた診断に従わせるためには、エンジニアが容易に追加データを探索できるようにしなければならないことを発見した。チームは、自身の診断を最も適切に伝えるために使用する最適な図または視覚的な表現方法を決めた。

　「**今日手にしているデータから推察した関係性は、明日収集するデータには見つからないかもしれない**」——300mm 製造工場で収集されたデータは、データが収集された時点における製造工場のパフォーマンスを示している。製造設

備の状態は、時間や使用法により変化する。例えば、装置が収集した処理室のパフォーマンスに関するデータは、ある日は良いパフォーマンスを示していても、別の日は異常を示す可能性がある。

　「**安価で高速なプロセッサーとストレージの出現がビッグデータ分析を可能にした**」――コンピュータの速度も容量も向上し低価格になった今、300mm製造工場の膨大なデータを分析することは実用的であるのみならず、もはや避けられない必須の業務である。

　「**9つの手段を活用することが大切である**」――第1章「ビッグデータとアナリティクスに注目する理由」で述べたように、9つの差異化手段を活用することに長けている企業は、データとアナリティクスから最大の価値を引き出している[17]。Systems and Technology 部門は、9つの手段のうちのいくつかを有効に利用してきた。300mm 製造工場、および製品のポートフォリオ分析におけるデータの可用性と使用、およびデータ管理の構造と形式は、2つの手段、「企業文化」と「データ」の表れである。Systems and Technology 部門が活用している他の手段は、「測定」「価値の源泉」「スポンサーシップ」「信頼」などである。これらの手段は、同グループがビッグデータから価値を実現できるよう支援している。

第 9 章

セールスのパフォーマンス向上

> 「オンライン取引の利用可能度合いとウォレットシェアとの間には正の相関がある。これは、オンラインで市場をリードすることで大きなメリットが得られるということであり、また後れを取ればビジネス損失のリスクを被るということでもある」
>
> David Bush, Senior Managing Consultant, Global Business Service, Strategy and Change Internal Practice, IBM Corporation

取り組みの方向性：アナリティクスによるセールスパフォーマンスの最適化

多くの情報にアクセスできるようになったことで、買い手と売り手の役割は以前から大きく変化した。今や、買い手は簡単に他の買い手の意見や評価をWeb で検索し、購買の意思決定に活用することができる。そして、こうしたスタイルは一般消費者向けビジネス（B2C）にとどまらず、企業向けのビジネス（B2B）にも拡大した。つまり、B2B における買い手、すなわち顧客企業もここ数年で大きな力を持つに至った。

これを受けて、B2B ビジネスに携わる営業組織の変革が推進されている。ビジネスのトレンドや情報に精通した顧客は、まず製品やソリューションに関す

る調査を行い、ソーシャルでレビューをチェックして同じ立場からの助言を得、様々な情報で理論武装した上で購買プロセスに入る。

　こうなると、従来こうした情報を顧客に提供していた営業担当者は、単に情報提供にとどまらず、何らかの付加価値を付ける方法を考えなければならなくなってくる。つまり、昨今の営業担当者には、それぞれの顧客のビジネス上の問題と改善機会の抽出と、より効率的な対処法の提案といったコンサルティング型の営業アプローチが求められるようになった。

　Corporate Executive Board（IBM コーポレーションの上級役員からなる幹部会議）における Sales Leadership チームは、2013 年のレポートで以下のような提言を行っている。「IBM の営業組織は、顧客が様々な情報に精通した今日、昔ながらのアプローチから脱却しなければならない。これに対し営業リーダーらがどう答えるかというと、営業として必要なスキルを再定義し、身に付けていかねばならない、という反応が典型的である。しかしながら、このアプローチは顧客の情報収集能力が向上した新たな環境で、自ら変化を推進する上では不十分である。こうした環境の下でも成果を挙げ続けるには、営業戦略の立案から計画策定、実行、評価までの全プロセスを通じ、自ら一つひとつの意思決定を行えなければならない」[1]。

　アナリティクスは営業組織の変革において重要な役割を果たす。前述の通り、営業部門のマネジメントも営業担当者も、全プロセスを通じてこれまでよりも多くの判断に迫られるが、アナリティクスは事実をベースとした客観的な分析結果を提示し、コンサルティング型の営業アプローチを実践する上での拠り所を提供してくれる。

　アナリティクスを活用すれば様々なことが可能となる。例えば、営業を増やすことなく、より多くの売り上げが見込めるより多くの顧客をカバー（「カバレッジ最適化」）できる。顧客の購買パターンを分析してクロスセルやアップセルにつなげたり、新規顧客の開拓に役立てたりすることもできる。アナリティクスはまた、顧客の購買行動の分析により、B2B 取引にデジタルチャネルを活用することのメリットを示してくれもする。

❙IBM 営業部門におけるアナリティクス活用のアプローチ

　多くの企業の営業マネジメントが切実に実現を願うことは何だろうか。1 つは、収益につながるビジネス機会を見極め、その規模に応じて適正な営業リソー

スを配置することであろう。IBM は世界 170 カ国以上でビジネスを展開している。約 45 万人の社員を擁し、大勢の営業担当者が 2000 を超えるハードウエアおよびソフトウエア、1000 を超えるサービスなど、多岐にわたる商品ラインナップの提供を支えている。このように営業部隊が大規模である場合、その生産性・実効性の向上による収益増加とコスト削減の双方に対する影響は極めて大きい。

さて、多くの場合、営業担当者にどの顧客、製品または地域を担当させるかは、過去の売上実績に基づいて決定されることが多い。しかしながら、過去の実績に依存してしまうと将来の大きな売上成長の機会を逃す可能性がある。IBM はここに予測的アナリティクスとビッグデータを適用し、顧客カバレッジ最適化という問題を解こうとしたのである。

2005 年、IBM は MAP（Market Alignment Program）という取り組みを開始した。これは「アナリティクスを活用して市場（顧客）セグメントにおける将来の収益機会を予測し、これを営業現場の知見で検証した上で、予測される機会の大きさに応じて営業リソースの配置を最適化」するものである[2]。

なお、IBM はこの時期に合わせて「OnTARGET」という購買予測ツールの導入も開始している。OnTARGET は営業活動の生産性向上を目的としたもので、OnTARGET が抽出した見込み顧客（案件）の成約率は、OnTARGET によらない案件の 2 倍以上となった。

この 2 つの取り組みは 3 年間で累積 10 億ドルもの収益増をもたらしたと推計されている。本取り組みの実績はオペレーションズリサーチの領域でも認められ、Franz Edelman 賞にノミネートされている[3]。

こうした大規模なアナリティクスプロジェクトに IBM 自身が取り組むため、IBM 社内に Business Performance Services（BPS）チームが設立された。本チームのリーダーは Martin Fleming（Vice President,Business Performance Service 兼 Chief Economist）である。BPS によりいくつかのプロジェクトが実施されたが、当時、特に重点が置かれたのが「カバレッジ最適化」を通じたセールスのパフォーマンス向上だった。

この流れで、BPS チームは営業マネジャーの意思決定をサポートするプロジェクト「TOP（Territory Optimization Program）」に着手した。この領域においては、その後も継続的にアナリティクス適用によるイノベーションが追求され続けている。例えば、「COP（Coverage Optimization with

Profitability)」プロジェクトは、最も新しいビジネス成果のさらなる向上に向けた取り組みである。

セールスのパフォーマンス向上に関しては、様々な領域にアナリティクス適用の可能性が広がっている。IBM もいくつかの分野で独創的な取り組みを行っており、例えば第 5 章「IT によるアナリティクスの実現」で述べた Watson Sales Assistant プロジェクトでは、テレビ番組「Jeopardy!」で勝利した際の技術を応用することで、営業担当者自身や顧客が IBM の様々な製品・サービスについての質問に対する回答を得ることが可能となっている。

「インサイドセールス」の投資価値の評価にアナリティクスを活用

別のプロジェクトでは、デジタルチャネルの機能拡張に向けた投資についての緻密な分析を行い、投資価値の評価を証明した。投資価値を証明した分析アプローチは本章の「オンラインコマース」の節で扱うが、これは、顧客ニーズを起点に推進される新たな ETI（Enterprise Transformation Initiative）につながった。

多くのアナリティクスによる変革は IBM 社内の動機に基づいたものであったが、ETI の 1 つ「Smarter Commerce Inside IBM」は、顧客企業の最高調達責任者（CPO）がサプライヤーとのデジタル取引を強く求めていたことが直接のきっかけとなったものである。IBM は、購買プロセスをエンドツーエンドで自動化する能力を、顧客に「特別な顧客経験」を提供する戦略的な差異化要素として使おうとした。

IBM には社内にいながらにして、デジタルチャネルや電話などを用いて営業活動を行う「インサイドセールス」組織がある。インサイドセールスはかねてからこの購買プロセス自動化の課題に取り組んでおり、他に先んじて取り組みを始めたことで得られる優位性を確保しようとしている。

IBM は、2015 年までにオンラインコマースなどのデジタル取引の売り上げが 150％以上増加すると見込んでいる。また、顧客が、一部の営業関連の業務について、デジタルチャネルへの移行を指向していることも予想している。本章の「オンラインコマース」の節で触れる営業部門起点の ETI である Smarter Commerce Inside IBM の取り組みにて策定した IBM の戦略は、こうした顧客企業の変化に基づいて策定されたものである。

本章で扱ういくつかの取り組み事例はそれぞれ別の節に分けて記述している

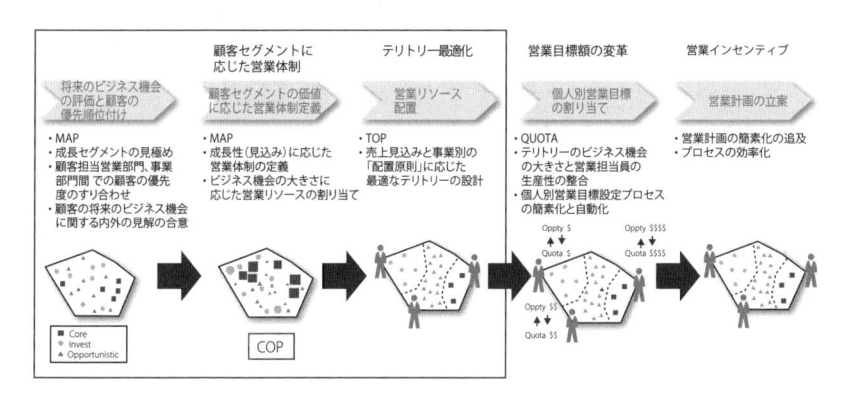

図 9-1 営業リソースの生産性を最大化するために確立された End to End の営業計画プロセス

が、営業の変革を実現する上では、それぞれの取り組みが相互に作用しながら一連のプロセスを形成していることに留意いただきたい。

図 9-1 は、それぞれの取り組みの相乗効果により目指す成果が実現されていることを示している。アナリティクスはエンドツーエンドの営業プロセス全体で活用されている。例えば、MAP は、「将来のビジネス機会の評価と顧客の優先順位付け」のステップや「顧客セグメントの価値に応じた営業体制定義」のステップで使用されている。

TOP は「営業リソース配置」ステップに使用されている。COP は、これら 3 つのステップを通じて適用される。すなわち、各顧客セグメントの収益予測、リソース配置を変更するためのレコメンデーションを営業組織のマネジメントに提供し、これにより設定した営業テリトリー分割の方法を変えたり、配置を換えた場合の影響を見積もったりすることができるようになる。本章で取り上げたいくつかの事例は、IBM の営業改革全体のフレームワークの一つのパーツに位置づけられる。

ビジネス課題：
収益最大化に向けた営業担当者の最適配置

　MAPは、過去において多くの収益を生んだ顧客ではなく、「将来的に」高収益が期待できる顧客に営業担当者をシフトさせることを目的に設計された。市場へのリソース配置計画に、いわゆるボトムアップの視点を提供していると言えるだろう。MAPにおけるアプローチは、以前からの手法（最近の売上高または過去の支出総額をベースに、担当営業の人数を決定）とは対照的である。

　MAPでは、大規模顧客ごとに、データに基づく将来の収益機会の予測を行い、これに現状を加味して「将来の収益機会」の評価額を見積もる。まず顧客のIT支出全体に対する評価額が設定され、次いでIBMの商品カテゴリー単位にブレークダウンされる。

　収益機会を商品・サービスのカテゴリー単位に分解することは重要なことである。なぜなら、「機会（案件）」を実際の「ビジネス（収益）」にするためには、商品カテゴリーごとの専門知識を持った営業リソースを割り当てることが必要だからである。

　MAPにおいては、IBM社内の顧客データベースにおける企業データと、Dun & Bradstreetなどの外部の企業データベース会社が持つ企業データをマッチングさせる必要があるのだが、これが難題であった。世界中の何百万もの企業の評価が必要となり、各顧客企業について、子会社や他の複雑なビジネスモデルの組織を照合しなければならなかったのである。

　Lawrenceは、「モデリングを行う上での課題は、一連のハイレベルな経営目標を、最適化アプローチや予測モデリングのアルゴリズムで対処可能なアナリティクスの問題にいかに落とし込むか、というところにある」と述べている[4]。

　また、このような広範囲にわたる問題を解くために、MAPは膨大な量のデータを分析しなければならなかった。欲しいものが「予測アルゴリズムで直接入力として使用する、ごく少数の説明変数」だったとしても、大量データの分析が必要なのだった[5]。

　MAPが導入されるまでは、各顧客の将来の収益機会の評価は過去の売上履歴データと現場営業の評価のみに依存していた。よって、多くの場合、それまでその顧客を担当していた営業チームの人数と構成を引きずったものとなって

いた。一方、MAP では営業体制を増加（変更）した場合、どの程度収益が拡大される可能性があるかを可視化するアプローチを取っている。つまり、どのくらいの収益を「獲得した」かではなく、どのくらいの収益を「獲得し得る」かという考え方なのである。

さて、MAP プロセスは、大きく 3 つのステップから構成される。最初のステップでは、顧客ごと、IBM 製品グループごとの収益機会を評価するための分析モデルの開発を行う。次に、現場の営業チームを交えたワークショップでその分析モデルの検証を行う。ワークショップは製品グループや営業テリトリー（担当地域）ごとに、何百回も実施される。最後に、分析結果に基づいて、将来の収益機会の大きさと現時点での営業リソースの規模（人数）を評価し、これらがバランスするよう営業リソースの再配置を行う。

Lawrence によると、ワークショップでは、分析結果が示す収益機会の大きさを「客観的な開始点」として使用した。営業チームは予測の結果を受け入れてもよいし、理由を明確にしながら予測値を修正することもできた。このプロセスに現場の営業チームを関与させ、第 1 章「ビッグデータとアナリティクスに注目する理由」で概説した「データ」の手段を適用した。事実ベースの論理的な予測分析結果に現場営業を関与させることで、組織としての納得感が醸成された。納得感は MAP を通じて価値を追求する上で極めて重要な要素だった。

また、MAP でリソース配置にアナリティクスを適用するというアプローチを始める際には、「企業文化」の手段も適用された。以前からのリソース配置の検討アプローチならびに決定プロセスから見ると、非常に大きな変更だったからである。

収益機会に関し、次の 3 つが集中的に議論された。すなわち、顧客ごとの達成可能な収益機会の総額、製品グループごとの IT 支出総額の予測、そして「現実的に達成できる」額の予測である。

成果：セールスのパフォーマンス向上

MAP プロジェクトではその他のアナリティクスの取り組み同様、実際の成果につなげるために、予測モデルから得られる洞察をビジネスの意思決定者が簡単に使えるような仕組みを整備する必要があった。MAP では、Web ベースのツールが用意され、営業マネジャーが予測モデルが生成する営業リソース配置に関するレコメンデーションや現状評価結果を参照できるようになってい

た。予測結果を意思決定プロセスで参照できる仕組みを整備することは、アナリティクスを確実に価値につなげるための一つの重要な手法である。

さて、ここで MAP の貢献について整理する。MAP は各顧客企業の収益機会に関し事実に基づく客観的評価を提供することで、予測を行う際、とらわれてしまいがちな先入観を最小化しようとした。25 の製品ブランドと各種のサービスオファリングごとの収益機会の予測を行うために、アナリティクスを活用した。

MAP のレコメンデーションに従って営業リソースを再配置した営業チームのパフォーマンスは、従わなかった営業チームを 7％ 上回った。また、MAP が収益機会の伸びが大きいと予測した顧客からの収益機会は約 220 億ドルに上った。そして、4 年間累積で、10 億ドルの収益増に貢献した[6]。

もう一つ、貴重な成果がある。MAP による予測収益のデータは「COP」という別の取り組みで使用されており、これがさらなる価値を生んだのであった。

ビジネス課題：テリトリー設計の最適化

TOP が対処する課題は、所与の営業テリトリー（営業組織または営業が担当する顧客群）における営業生産性向上と収益のさらなる増大を図ることである。TOP は営業マネジャー向けに設計されたもので、その営業組織で、各営業担当者が担当するテリトリー（ここではその営業担当者が担当する顧客企業群）を最適化するためのものである。

最適なテリトリー設計のレコメンデーションを自動的に生成し営業マネジャーに提供することで、営業の生産性が向上し、成果も改善されるという考え方である。TOP について、Matt Callahan（Director, Sales Coverage and Transformation）は以下のように説明している。「TOP の目的は、営業マネジャーが自分のチームの現在のテリトリー設計を客観的に評価し、より良い設計にするための適切な決断を下せるよう支援することだ」

テリトリー設計において考慮すべき要素は、案件数、顧客セグメント、営業担当者の業種特化の度合いである。TOP により、営業マネジャーは事実に基づいて分析した結果から、現在の各営業の顧客担当状況、ワークロードや将来の案件機会に対する洞察を得て、最も効率的なテリトリー設計を行うことがで

きるようになる。

　TOP は、2種類のデータに基づいて分析を行っている。1つは IBM の顧客に関するデータ、もう1つは営業担当者に関するデータである。IBM の既存顧客に関するデータは財務システム台帳のトランザクションデータが基になっている。あらゆる営業取引のトランザクションは明細レベルで台帳に登録され、顧客の購買組織を表す特定の「顧客番号（customer number）」に紐付けられている。

　1つの顧客企業に複数の購買組織が存在することが多いため、顧客企業ごとの総収益を正確に把握するためには企業を表す「顧客 ID（client ID）」ごとに全トランザクションの売上金額を総計する必要がある。モデル構築に際し個々の取引の売上金額を単一の顧客企業の単位に集計した数値が必要だったため、本プロジェクトのデータ準備のフェーズの中ではこれが最も困難な作業だった。

　次のステップは、売上データをベースに営業担当者ごとの記述統計分析を行い、各営業がカバーする業種数、担当顧客数、提案中の案件数などを整理しモデル化した。このモデルを用いて、それぞれの営業担当者のテリトリーを売上高、担当する業種の多様性、提案中の案件数などの観点から比較することができる。

　全営業担当者についてこの一覧の整理ができると、営業マネジャーに営業組織ごとに定義する配置原則（営業パフォーマンスを最適化するための、営業ごとの担当顧客数や業種数などの考え方）と現状とのギャップを示すスコアカードを提供することができるようになる。これを用いてテリトリーごとの最適化を行うのである。例えば、ソフトウエア事業は営業には業種別に顧客を担当させるべきという配置原則を定義している場合、ソフトウエアに特化した営業の記述統計を調べ、国や地域ごとに、どの程度配置原則にマッチしたテリトリー設計がなされているかを確認できる。

　営業マネジャーはこのスコアカードに基づき配置原則に即していないテリトリー配置がなされているセグメントを発見できる。そして TOP が提示する組織における営業担当員、テリトリーにおける顧客群、そして配置原則を踏まえた最適なテリトリー設計のレコメンデーションに基づき、かつて検討されることのなかったテリトリー設計のオプションを検討することが可能となる。このテリトリー最適化を行うアルゴリズムは IBM 基礎研究所が開発したものであ

る。ソフトウエア製品としては、Cognos、WebSphere および DB2 が使用された。

成果：テリトリーのパフォーマンスの向上

　TOP はグローバルの IBM で利用され、営業計画業務の一部であるテリトリーを最適化するプロセスを支えている。TOP の推奨に沿って設計されたテリトリーでは、そうでないテリトリーに比べ平均10％上回る営業成績を上げている。9 つの手段に照らした場合、TOP は 2 つの手段を活用している[7]。すなわち、営業テリトリーの設計をサポートするツールの提供という「価値の源泉」と、営業パフォーマンスにおける成果を評価する「測定」である。
　TOP は CIOLab およびサービス事業で活用されており、実施に際しては IBM WebSphere オペレーショナル意思決定マネジメントというソフトウエア製品を使用している。

ビジネス課題：顧客への営業投資配分の最適化

　COP は結果に直結するビッグデータアプリケーションである。顧客別の売り上げと経費を算出し、各顧客にアサインする営業リソースの人数をどう調整（増加・維持・削減）すべきかのレコメンデーションを提供するというものである。ここでビジネス課題は、いかにして得られる売上高とそのための営業経費とを顧客レベルで把握するか、という点であった。
　IBM の営業チームの売上高、粗利ならびに収益性を顧客レベルで理解するためにビッグデータが活用された。2 億件を超える膨大なデータに基づき、各顧客企業についての過去 3 年間の実績・トレンドと今後 2 年間の見通しが計算された。データは Research Cloud に集め、IBM の統計解析ソフトウエアである SPSS や、ダッシュボードツール Cognos を用いて分析が行われた。なお、このデータ集約型ソリューションは、パフォーマンスを向上させるために、PureSystems 環境に移行する計画である。
　さて、COP は得られる利益率に応じて、顧客を、「high（高）」「medium（中）」「low（低）」「negative（マイナス）」にセグメンテーションする。「high（高）」「medium（中）」「low（低）」のしきい値は、過去 3 年間の地域別事業別の平

均に基づいて設定される。例えば、あるフランスの顧客のソフトウエア事業における利益率が、過去3年間のフランスソフトウエア事業部の平均利益率を上回った場合は、「high（高）」と見なされる。

　COPは、もともと顧客単位で販売管理費（SG&A）を把握し、営業体制を最適化したいというIBMの上級役員のリクエストに基づいて開始された。そのためには、まず、社内の様々な役割を持つ営業担当員がどのように時間を使っているのかを把握するための手法を開発する必要があった。また、COPは、営業マネジャーの適切な意思決定を支援するため現状に関する情報や論理的な推奨プランを提示するという位置づけで設計されており、意思決定自体はあくまでも営業リーダーに委ねられている。これは営業マネジャーに周知すべき重要なポイントである。実際のところ、展開初期段階では、営業マネジャーはCOPをAmazonのレコメンデーションエンジンのようなものだと受け止めたこともしばしばあった。

　COPの開発開始が決定すると、Business Performance Services（BPS）チームは標準のプロジェクトアプローチとして、まず現状把握を行った。ポイントは営業担当者がどの顧客に時間を費やしているかの理解である。まずはその評価法とデータの入手方法を検討した。データソースは、IBMの営業活動管理（CRM：Customer Relationship Management）システムであるSiebelおよびSales Connectとした。他にもデータソースの候補は多く存在したが、それらは特定の事業部門に固有のものだったなどの理由でこの2システムとした。これらシステムに含まれる多くのデータソースから、どのようにして営業が各顧客に費やしたであろう時間を算出すればよいかが、本取り組みのビジネス課題であった。

　この課題を乗り越えると、今度は顧客単位での営業費用の見積もり手法の確立である。COPのアウトプットであるレコメンデーションは、営業マネジャーへ方向性レベルの情報を顧客企業の単位で提示することを目指していたため、営業費用の見積もりに100％の精度を追求する必要はなかった。

　さて、データを収集・分析し、顧客企業単位での営業リソースおよび費用まで把握できた。次のステップとして、複雑すぎず、理解しやすいレコメンデーションを生成するために、モデルに入力するデータの種類を検討する。プロジェクトを進めていく過程で、解を得るためには何億件もの大量なデータに対して膨大な配列計算を行う必要があることが判明した。

第9章 セールスのパフォーマンス向上

　アナリティクスの成果を利用し成果を得る上で、エンドユーザーにとってのユーザビリティーは極めて重要である。COPの出力を利用する営業マネジャーは、その推奨を生成するアルゴリズムやテクノロジーを理解する必要はない。そこで、チームは数値計算を営業マネジャーの慣れ親しんだ言語やプロセスにくるんで説明する必要があった。

　Nick Otto（Executive Program Manager,Business Performance Services 兼 COP Program Manager）によると、COPの設計レビューの際、あまりに多くのデータが提供されることに対し、上級マネジメントから以下のようなコメントがあったという。「これは確かに極めて興味深く、また有用そうでもある。しかし、これをどうやったら実務で使えるのだろう。どう料理しようとしているのかね」。ユーザビリティーの問題を検討し対処するためにIBM基礎研究所のメンバーを関与させたとOttoは言う。

　ここでの課題は、いかにして深い洞察に満ちた多くの知見を包含する大量のデータを営業チームが容易に理解できるものとし、IBMの価値向上につなげるか、ということだった。チームは大部分の時間をこの課題に費やした。第1章で概説した手段がCOPの全体にわたって活用されていたことは明白だった。顧客単位での営業経費の算定にビッグデータを活用した際は、「測定」の手段が顧客へのリソース配分を決定し、収益性を最大化するための推奨モデルの構築には「価値の源泉」の手段が適用された。

　営業の場合はデータからは明らかにしにくい多くの定性的な洞察も考慮する必要があるため、営業リーダーとの議論は最初のうちは敵対的または懐疑的に

利益率	売上成長率 高（実績）		売上成長 小（実績）	
	案件増加率 高（予測）	案件増加率 低（予測）	案件増加率 高（予測）	案件増加率 低（予測）
高	強化	強化	強化	維持
中	強化	維持	維持	維持
低	維持	削減	削減	削減
マイナス	削減	削減	削減	削減

図 9-2　営業リソース投資に対するレコメンデーションを3つ（強化/維持/削減）に集約させ提示するCOPの分析結果

なる場合があった。そこで、まずモデルが実際のデータに基づいて算出した客観的なレコメンデーションを議論のベースとして提示し、その後定性的な洞察を加味して意思決定を行う、というプロセスが取られた。図 9-2 に、モデルに基づいたハイレベルなレコメンデーションのイメージを示す。

成果：売上増大と生産性向上

　2011 年から 2013 年末までの間に、COP は既に何百万ドルという売上増に貢献していた。COP は組織が定めたルールに沿った意思決定を促進する戦略的な ETI であると言えるだろう。COP のレコメンデーションが非常に有用であることが証明され、今や IBM の営業組織の文化の一部になりつつある。例えば、レコメンデーションに沿って営業担当者の人数を調整したパイロットチームは、90％の売上増と 70％の生産性向上を達成している。

　COP のデータは IBM の様々なアナリティクスプロジェクトで活用されている。例えばあるプロジェクトは、どの営業チームが様々なタイプの案件、顧客に対して最も高い成約率を上げられたかを確認するために、案件数に関する COP データを参照している。

　この章で取り上げる ETI の 1 つ Smarter Commerce Inside IBM では、オンラインコマース技術を適用した顧客としない顧客との生産性の相違を研究するために COP データを使った。また別の ETI では、ツールを使用することで生産性にアドバンテージが出るかを確認している。こうしたそれぞれの機能がもたらす生産性向上を COP のデータを使うことで詳細かつ定量的に検証することができる。

　生産性の向上はビジネス価値の向上につながる。顧客ごとに正味の生産性を踏まえた営業経費を把握することで、さらなる洞察を得ることが可能となる。複数のアナリティクスプロジェクトの成果のインパクトの大きさを共通のものさしで測ることは、社内の異なるグループで取り組みの成果を共有し協働できるオープンな環境でのみ可能である。そしてこうした環境こそが、企業にとっての価値の最大化を加速させるのである。

オンラインコマース

B2B の営業組織は、インサイドセールス（またはテレセールス）に対する投資を増やしつつある[8]。これはインサイドセールスにより大幅なコスト削減と生産性向上を実現できるからであるが、他にも大きな推進要因がある。すなわち、買い手自身が遠隔地から（営業担当者と直接顔を合わせることなく）ものを購入してコミュニケーションを行うことに慣れ、肯定的となったからである。今や彼らは抵抗感なく Web を使用して製品情報を調べ、E メール、ソーシャルメディア、電話などの方法で営業担当者とやり取りを行う。実際、ある種の業務では対面式のコミュニケーションより非対面の方が好まれている[9]。

IBM のオンラインコマースの組織はさらに進んだ取り組みを行っている。インサイドセールス担当者を増員し、アナリティクスとソーシャルメディアツールを活用して収益向上に取り組んでおり、併せて顧客の CPO（最高購買責任者）に向けた、専門のオンラインコマースソリューションの開発に取り組んでいる。IBM 社内で「オンラインコマースができるようになる」と言えば、顧客が IBM への発注から支払いまでのプロセスをすべて電子的に実施することを指す。

CPO の役割は変革を遂げてきており、現在は IBM における変革を推進する立場を担っている。CPO というものは単に価格のみを交渉しているのでなく、価値を交渉しているのだ。IBM の Institute for Business Value（IBV）と Oxford Economics は様々な観点からの調査を実施し、CPO からの洞察を得た。調査は 22 カ国の年間収益 10 億米ドル以上の企業に属する CPO、計 1128 人を対象に実施された。結果、成績トップの購買部門を持つ企業は成績下位の購買部門を持つ企業より利益率が 22％高く、平均的な企業と比べた場合は 15％高いということが分かった[10]。

IBM の CPO は、「4 人体制（four in the box）」購買モデルにおいて、最高財務責任者（CFO）、事業部門のエグゼクティブたち、最高情報責任者（CIO）と密に連携しながら業務を行う。彼らは価値の向上とコスト削減に向け、サプライヤーとの購買プロセスにおいて効率性と内部コンプライアンスの向上を追及する。

Patricia Spugani（IProgram Director,nside Sales,Global Online Commerce Strategy）と、David E. Bush（Senior Managing Consultant,Global Business

Services,Strategy and Change Internal Practice) は、顧客の要求に応えるべく、この分野で新しい境地を開いてきた。購買プロセスの変革において、購買部門側の効果は以前から企業、業界アナリスト、ソリューションプロバイダーによって定量化されてきたが、サプライヤー側がこの分野に投資するメリットは明確化されていなかった。そこで、アナリティクスにより資金と体制を確保するためのビジネスケースを作成した後、Smarter Commerce Inside IBM が立ち上げられ、CPO と事業部門チームの要望に応じて、IBM でのデジタル購買のプロセスの簡素化が行われた。

以下で、Smarter Commerce Inside IBM への戦略的投資のビジネスケース作成のために、どのようにアナリティクスが活用されたかについて説明する。

ビジネス課題：企業横断での効率化の実現

このビジネス課題においては 2 つの側面があった。まず、IBM は顧客の要求を理解しそれに応えるために、サプライヤーとの購買プロセスを会社横断で効率化しなければならない。加えて、IBM 社内の他の取り組みとの予算獲得競争に勝ち残り新しいスマーターコマース統合ソリューションを構築するための説得力あるビジネスケースを作らなければならない。このソリューションはグローバル全社・全事業に展開しなければならない。IBM の投資を最適化するとともに、どこの国のどの事業であろうと、顧客に同一の購買体験を与えるものでなくてはならない。

企業やファイアウォールをまたがって顧客企業の電子購買の仕組みを構築するためには経営幹部のテクノロジー、リソース、組織に対する投資の承認を得なければならなかったが、IBM はそのためにアナリティクスを用い、メリットの定量化を行った。経営幹部は、顧客にとって購買プロセスの効率化が重要であることは理解したが（顧客の時間とコスト削減となるからだ）、なぜ IBM が他の取り組みでなくこのプロジェクトへ投資する必要があるのかについては疑問を抱いていた。そこでトップダウンアプローチの分析を行うことで、オンラインコマースの実現が、IBM の売上や費用に与える影響を明らかにした。

得られるメリットを定量化するため、Bush が率いる SCIP（Strategy and Change Internal Practice）チームが招かれ、Maria Rogers（Vice President,

Global Online Commerce）と、Spugani（Leader, Global Online Commerce Strategy）で共同作業を行うことになった。SCIP チームは、IBM の戦略と変革の取り組みを支援することに特化した専門コンサルタントの集団である[11]。

ビジネスケースを作る上で COP のデータマートが貴重なデータ源となった。

> 「これはファイアウォールを超えて B2B の電子購買プロセスを変革する顧客主導のイノベーションだ。実感できるのは企業内の効率化だけかもしれない。だが、さらに効率性を向上するためには、壁を越えて企業横断的に変革する必要がある。スマーターコマースは、顧客と IBM がこうした取り組みを実践するためのものである。」
>
> Patricia Spugani, Program Director, Global Online Commerce Strategy, IBM Inside Sales, IBM Corporation

成果：アナリティクスに基づく顧客志向のビジネスケースの承認の獲得

当プロジェクトが IBM にもたらすメリットは、アナリティクスで導出した 4 つの結論を通じて証明することができた。これらは、仮説をデータに基づいて検証し導出したものである。

この 4 つの結論は、様々な領域にわたるデータから導かれ、説得力あるビジネスケースを裏付ける。ここでアナリティクスは、この後触れる 4 つの要素について、「デジタルを活用」した場合のインパクトを評価するために使われた。4 つの要素とは、製品担当の営業の生産性（E/R）、売上成長率（CAGR）、IBM の顧客におけるウォレットシェア、そして案件成約率である。ここで「デジタルを活用する」とは、顧客と IBM との対面でのやり取りではなく e コマースをはじめ Web などで処理する割合（％）を指す。

図 9-3 は、最初の仮説の検証結果である。ここでは売上高に対する販売管理費の割合（E/R）が、「デジタル活用」の度合いが低い顧客では他より高くなっていることが見て取れる。そして「デジタル活用」の度合いが上がると、E/R の割合が改善される。つまり、顧客との取引においてデジタルを活用することで、営業担当者の生産性が上がるのである。

2 番目の仮説の検証に向けては、売上高に対する販売管理費の割合（E/R）

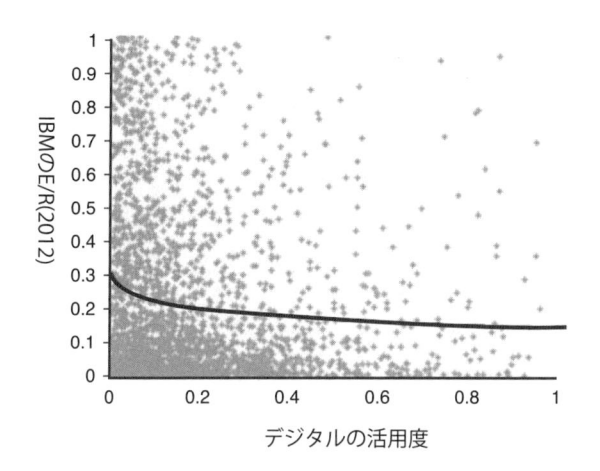

図 9-3 「デジタル活用率の向上」と「E/R の改善」の間には、統計的に強い相関性が認められた（顧客のデジタル活用率が高いと営業の生産性が高い）

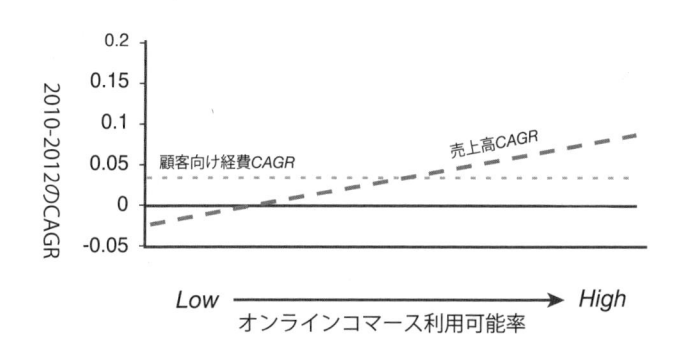

図 9-4 オンラインコマースの利用可能率の上昇に伴い、経費は変化しないが売上成長率は増加する

を一定期間確認した。この分析における製品担当営業の生産性評価には、ビジネスパフォーマンスサービス（BPS）が構築した COP モデルが利用されている。図 9-4 に示す通り、デジタルの活用度合いが上昇するとしても、IBM の営業担当者の経費は変化しないが、売上成長率は上昇することが分かった。つまり、この洞察は、「デジタルの活用」は経費の削減をもたらすのではなく、売上成

長につながるということを証明している。

3番目の仮説は、顧客向けのオンラインコマース機能を拡充させることがどのようにIBMの「ウォレットシェア」に影響するかを理解しようというものだった。「ウォレットシェア」は、顧客のIT総支出額におけるIBMの比率とし、その算出には業種ごとのIT支出額のベンチマーク値と企業規模に関するデータ（IBMのマーケティングデータベースを参照）を利用した。図9-5に示す通り、オンラインコマースの利用可能な度合いがウォレットの上昇と正の相関性があることが検証され、本ビジネスケースが、また一つの説得力ある定量効果をもたらすであろうことが示された。

4番目の仮説は、オンラインコマースの利用可能性が案件の成約率に統計学的に有意なインパクトを与えている、というものだった。図9-6で示したデータは、オンラインコマースの利用可能な度合いが上昇すると案件成約率も上昇していることを示している。

こうした検証の結果、オンラインコマースはIBMにとってのメリットを生み各事業の目標を達成する上で必要な仕組みであるとして、Smarter Commerce Inside IBMへの経営幹部の承認を得ることができた。チームは第1章で論じた「価値の源泉」という手段を、本取り組みに効果的に適用したと言えるだろう。アナリティクスを活用して企業の意思決定に必要な情報提供を行い、新しい全社的オンラインコマース機能による価値創造を実現したという点がそれにあたる。また、主要な評価指標間の相関関係を証明し期待される成果が得られ

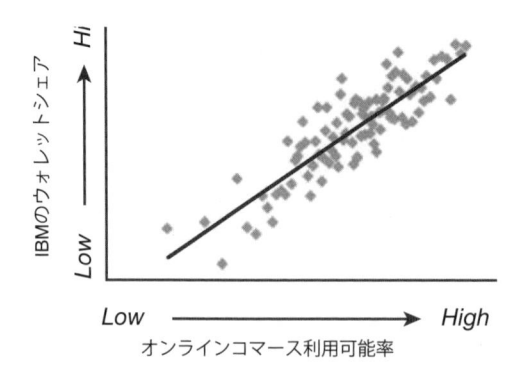

図9-5　オンラインコマースの利用可能率とIBMのウォレットシェアの相関性が確認された

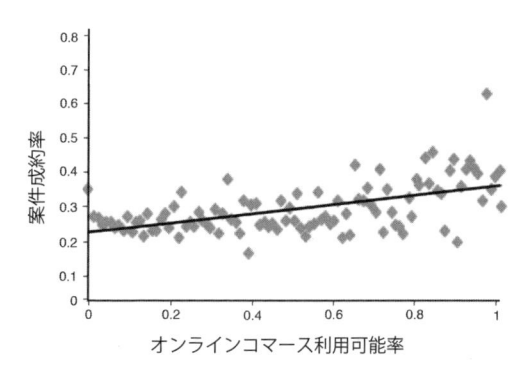

図 9-6 オンラインコマースの利用可能率と成約率の間の相関性が確認された

る検証をする際には「測定」の手段を活用している。そして事実（データ）を集め、アナリティクスを用いてスマーターコマースへの投資の意思決定を行い、その後も継続的に予算を継続的に増加させる際には「スポンサーシップ」および「投資」という手段が活用された。

教訓

「**アナリティクスのテクノロジーから価値を引き出す上で、必ずしもテクノロジー自体を理解している必要はない**」——COP の事例において、営業リーダーはモデルから生成されるレコメンデーションを使う上で、ビッグデータもそのデータの出所も、モデルで用いられているアルゴリズムも理解する必要がなかった。理解しなくてもレコメンデーションに基づいて判断を行い、顧客に割り当てる営業リソースを増加させたり維持したり、場合によっては減少させ、価値を高め収益性を向上させることができていた。

「**価値が生まれるのは洞察を得たときではなく、行動したときである**」——真に価値を高めるためには、洞察に基づいて行動を起こさなければならない。Smarter Commerce Inside IBM の例においては、アナリティクスは投資の意思決定を促し、これによってリソースが投入され、IBM に新たな能力が加わり、収益増大がもたらされた。顧客は、ファイアウォールを超えて手軽なオンライン取引が利用できるため、これを提供してくれる IBM に対するロイヤルティー

も強化されるだろう。例えば、銀行口座でのオンライン決済に例えて考えてみよう。小切手を Web 上で決済するための処理をするという状況は、正直「面倒」である。銀行を変えて一からスタートする努力が必要だからである。オンライン取引も同様で、B2B 取引元来の複雑さに起因していっそう面倒であろう。CPO が望む方法で、かつファイアウォールを越えて効率も上がるようなケイパビリティーを確立すれば、顧客の IBM に対するロイヤルティーもさらに高まる。

「今日手にしているデータから推察した関係性は、明日収集するデータには見つからないかもしれない」——ビッグデータにより、これまで目に見えなかった関係が見えるようになる可能性がある。一方で、今日のデータから推測できた関係性は、法律、物理学や自然界の原理でない限りは、必ずしも明日のデータに表れるわけではないということを踏まえておくべきであろう。ビジネス上の意思決定を支えるものである以上、予測結果の精度は担保すべきであり、従って、定期的に予測モデルをリフレッシュし続けることは重要である。新たなデータに基づいて明らかになる新たな関係性によって、モデルの予測結果やレコメンデーションは変わり得るからである。

「事業単位全体とアナリティクスアセットを共有しコラボレーションすると、価値が最大化される」——異なるアナリティクスプロジェクトからのデータを集積すれば、さらに価値が増大する。例えば、MAP の理想的な収益データは COP モデルで活用される。COP モデルとアナリティクスはオンラインコマースで共有され、IBM の価値を高める他の複数のプロジェクトで利用される。

「9つの手段を活用することが大切である」——第1章で取り上げた通り、9つの手段を巧みに活用することができる組織はデータとアナリティクスから可能な限り大きな価値を引き出している。本章で取り上げた例は、営業活動を強化することを目的としたまさに進行中のアナリティクスプロジェクトの一部であるが、これらはいずれも「価値の源泉」「測定」「企業文化」という手段を非常にうまく取り入れ、成果を上げている。

第10章

卓越したサービスの提供

> 「多くの企業が直面する課題は、企業内に存在する情報を分断することなく、分析軸を組み合わせ、有効に活用できるか、という点だ。これは、例えば、戦略的な要員計画の立案において、人事情報をオペレーションプランや事業プランと組み合わせ、有効活用できるか、ということである」
>
> Daniel D'Elena, Vice President, GBS Worldwide Resource and Capacity Management, Global Business Services, IBM Corporation

取り組みの方向性：サービスビジネスにおけるアナリティクスの活用

　コンサルティングビジネスは、優秀な人材を核としたビジネスであり、適切なスキルを持った人材を、適切なタイミングで適切な場所に配置することが求められる。それと同時に、高い稼働率を維持することが重要となる。そのため、競争力があるスキームを構築するのが難しい。しかし幸いにも、コンサルティングビジネスは、アナリティクスを活用することで、ビジネス価値の向上が図られる業種である。

　図10-1は、サービスビジネスにおける主要ステップを示している。見込み

第10章 卓越したサービスの提供

[見込み案件の特定] → [提案準備・実施] → [契約の締結] → [リソースの割当] → [プロジェクトの実施]

図10-1 サービスビジネスにおける主要ステップ

案件の特定から始まり、顧客へのサービス提供まで、1つのビジネスサイクルを表している。いわゆるコンサルティング営業は「提案準備・実施」のステップに含まれる。

第9章「セールスのパフォーマンス向上」で述べたように、アナリティクスを活用することで、様々な局面において営業の生産性を向上させ、業績を向上させることが可能だ。これは一般的な営業スタイルに限った話でなく、コンサルティングスタイルの営業活動にも当てはまる。

本章では、「見込み案件の特定」「契約の締結」「リソースの割当」「プロジェクトの実施」といった4つのステップにおいて、それぞれどのようにアナリティクスを活用すべきか、いくつか例を紹介する。なお、「提案準備・実施」ステップにおけるアナリティクスの活用例は既に第9章で述べたため、ここでは割愛する。

データとアナリティクスを活用すれば、例えば、リアルタイムに多様な情報を確認することで、見込み顧客のビジネス課題に関する正確で新しい情報を獲得できるようになる。これは「見込み案件の特定」ステップにおいて、データとアナリティクスの活用により質の向上が図られることを指している。また、提案が受諾され、契約書が整備された段階でもアナリティクスの活用は可能だ。例えば、契約のサイン前に、契約リスクを把握することやリスク対応策を策定することにアナリティクスを利用するといったことが該当する。

次に「リソースの割当」段階におけるアナリティクスの活用例だが、一般的にサービスビジネスでは、契約が締結されると作業を担当する要員を割り当てなければならないが、このとき、サービスに対する要員の需要と供給のバランスを取るのが重要だ。そのため、アナリティクスを需要予測に利用する、または要員計画の最適化に利用するといったことが考えられる。

リソースが割り当てられ、契約に基づきサービスを提供する段階、すなわち

「プロジェクトの実施」段階においても、アナリティクスを活用する機会が数多く存在する。例えば、卓越したサービス実現のため、プロジェクトが抱えるリスクをアナリティクスにて予測し、リスク軽減を行うことが可能だ。

1991年に設立されたIBMグローバルサービスは、世界最大のビジネスおよびテクノロジーサービスプロバイダーであり、170カ国以上で業務を遂行している[1]。IBMグローバルサービスは、GBS（Global Business Services）およびGTS（Global Technology Services）という2つの柱となる部門で構成されている。

GBSは以下の2つの主要サービスを提供している。

■コンサルティング（戦略、変革、システムインテグレーション）
■アプリケーションマネジメントサービス（アプリケーションの管理、保守、サポート）

また、GTSは以下の3つの主要サービスを提供している。

■情報テクノロジーサービス（IT環境の最適化）
■ビジネスプロセスサービス（ビジネスプロセスプラットフォームとビジネスプロセスアウトソーシング）
■戦略的アウトソーシングサービス（品質および価値の向上を実現するための既存インフラの変革）

GBSおよびGTSでは、前述の通り、様々なサービスを提供している。2013年度、GBSでは184億ドルの売り上げと30.9％の売上総利益率を、GTSでは386億ドルの売り上げと38.1％の売上総利益率を上げた[2]。2013年、IBMの全社員数は40万人以上であったが[3]、このうちの大部分がGBS・GTSに所属している。IBMでは膨大なリソースプールから、数多くの、しかも多岐にわたるサービスに要員を割り当てる必要があるため、アナリティクスを活用した要員計画の最適化がビジネス遂行上の重要な要素となっている。

本章では、様々なアナリティクスの活用事例のうち、「重要見込み案件の把握」「契約リスクの予測」「社員の生産性向上」「プロジェクト採算の予測」の4つについて紹介する。

ビジネス課題：
新たなビジネス開発（重要見込み案件の把握）

　受注獲得につながる可能性を考慮して見込み案件の優先順位を決定することは、サービスビジネスにおいて重要である。また、さらに一歩進んで、新たなエリアでのビジネス開拓も重要と言える。GTSとIBM基礎研究所は、長期的なサービスビジネスの獲得を支援するLTS（Long-Term Signings）と呼ばれるプラットフォームを開発した。LTSはWebベースのビッグデータアナリティクスプラットフォームであり、IBM Connections（IBM社員向けの共有データベース）、財務データベース、LinkedInなど、30を超える内部・外部のデータソースからの情報を統合することが可能だ。加えて、LTSはリアルタイムに顧客に関する多様な視点を提供してくれる。

　例えば、LinkedInのデータは、企業の最高マーケティング責任者といった意思決定者を検索するために利用される。そして、IBM Connectionsの内部データは、意思決定者に連絡を取る最適な方法を決定するのに利用されている。通常、企業の組織図を見ただけでは、顧客に関する情報を引き出すことは難しい。なぜならば、役職が変わる場合もあるし、その人物の知識レベル等は組織図では読み解けない。また、LTSが持つ業界固有のベンチマーク情報は、見込み案件の妥当性を見極めるのに幅広く活用されている。

　LTSはIBM基礎研究所が開発した独自の行動予測分析技術を利用して、顧客とIBM製品の関係性の発見を自動的で行う[4]。テキストアナリティクスと予測的アナリティクスを利用し、見込み顧客を識別し、エンティティーアナリティクスで、取引記録と突き合わせて情報を評価する。

　LTSが扱う大量で構造化されていないソーシャルメディアデータは、4つの「V」のうちの2つ、すなわち、Volume（ボリューム）およびスピードVelocity（スピード）の典型例だと言える[5]。

　LTSプラットフォームは現在、世界中に展開され、1000を超えるGTSの営業や専門家に利用されている。LTSによる見込み案件の評価は、成約率の高い案件を見極めるのに役立つ。さらに、LTSが持つ顧客とIBM製品の関係性分析は、営業の新規開拓に重宝されている。

成果：契約、収益、見込み案件の増加

このプラットフォームがもたらす効果は、数百万ドルのコスト削減、数百万ドルの収益の増加、数十億ドル規模の契約および見込み案件の増加という形で表れている。

ビジネス課題：契約リスクの予測

契約は、サービスビジネスの重要な要素であり、顧客の期待を反映していなければならない。予定したコストで契約条件を満たせる場合、契約の売上総利益目標が達成されるが、予定を超える要員が必要となる不測事態、もしくはIBMが罰金を課されるケースが発生すると、総利益目標の達成が阻まれる。不測事態の発生は、顧客に提供するサービスの品質を損なう可能性もあるため、契約締結前にリスクを正しく評価し、リスク低減を図ることは、顧客に優れたサービスを提供し、かつ予定した売上総利益を達成するためには不可避である。

そのため、類似する過去の契約データと比較することで、締結しようとしている契約のリスクを予測するソリューションが必要となる。第4章「会計アナリティクスによる将来の予測」では、合併および買収（M＆A）のアナリティクスについて述べた。このアナリティクスでは、過去のデータに基づき、M＆Aの成功確率を予測している。GTSではこのM＆Aアナリティクスに類似する方法で、ITアウトソーシング契約の成功確率を予測している。契約リスクや財務リスクといったリスクの予測にM＆Aソリューションから学んだノウハウを活用しているのだ。

契約リスクの予測では、過去の契約の重要記載事項、リスクが顕在化された場合の売上総利益の変化値、発生した課題に対する根本原因といった関連データを集め、分析を行っている。財務リスクの予測では、個別契約リスクだけではなく、すべての契約を集計した時の総合的なリスクも評価し、リスク低減プランを策定している。

成果：財務リスクアナリティクスの展開

2013年3月、プロトタイプの結果を踏まえ、GTSは、ITアウトソーシング契約におけるリスク予測に、財務リスクアナリティクスの本格運用を開始した。

現在までに、この財務リスクアナリティクスは 250 以上の契約を評価するために使用されている。しかしながら、財務アナリティクスの有効性評価には、契約のライフサイクルを考慮すると、少なくともあと 1 年は要すると思われる。

ビジネス課題：社員の生産性向上

　社員の生産性を把握し、分析することは、IBM のサービスビジネスの成功にとって重要な要素となっているが、それには、様々な組織からの情報統合が必要となる。
　Daniel D'Elena（Vice President,GBS Worldwide Resource and Capacity Management）は長年、社員の稼働管理を扱ってきた。プロジェクトに要員を割り当てることは、製造業における需要と供給のバランスを維持することに似ている。D'Elena と彼のチームは、まず社員（供給サイド）の可視化を図り、その後、見込み案件（需要サイド）の可視化へと取り組んだ。
　当初、チームが直面した課題は、企業内に一貫性に欠ける情報が数多く存在していたことであった。この課題を解決するために、データを一元管理するツールを開発することとした。
　次にチームは職種、職務、スキルなどの分類方法を定義した。これらの分類方法は、GBS 要員の需要と供給のバランスを取る上で、重要なものとなる。分類方法を体系化した後は、供給サイドである社員のスキルを分類し、さらに、需要サイドである見込み案件で求められるスキルを分類して、両者をマッチングすればよい。
　D'Elena は、供給サイドである社員の持つスキルを把握するために以下の 3 つのツールを開発した。

■ Professional Development Tool：このツールは Web ベースのアプリケーションで、IBM 社員のスキル情報を共有する仕組みだ。社員自ら、自身の保有スキルを登録し、マネジャーがそれを評価する。このツールはまた、社員が自身の職務で求められるスキルと保有スキルのギャップが確認できる仕組みとなっている。

■ Professional Marketplace：このツールで、ポジション（仕事）を探してい

る社員とその社員が保持するスキルが確認できる。
■ CV Wizard：IBM全社員の経歴や過去に従事した作業を一元管理しているツールである。

次に需要サイドだが、GBSでは、見込み案件で求められる専門スキルを詳細なレベルで定義することが求められている。通常、契約リスクを低減するためには、該当案件で求められる詳細な必要スキルと必要工数が要員計画に正しく反映されていなければならない。

IBMではDemand Captureと呼ばれる手法を使って、要員のマッチングを行っている。Demand Captureは要員の需要情報を収集し、見込み情報から必要なスキル情報を特定する。図10-2は、Demand Captureが、要員計画と見込み案件を抽出条件に、Professional Marketplaceから該当する社員情報を引き出しているイメージを記載している。

実際には、販売活動完了からプロジェクト作業開始までの期間、必要に応じてスキル不足を補うこともできる。また、Demand Captureは、リアルタイムな市場の変化をGBSに伝える役目も果たしている。

現在、GBSでは、要員計画の適正化にアナリティクスを活用している。2007年にGBSは、高度なアナリティクスソリューションであるResource Analytics Hubと呼ばれる仕組みを初めて導入した[6]。

Resource Analytics Hubは、現状の要員需要に応えつつ、将来的に求められるであろうスキル要件を可視化し、長期的な要員計画の最適化を図っている。

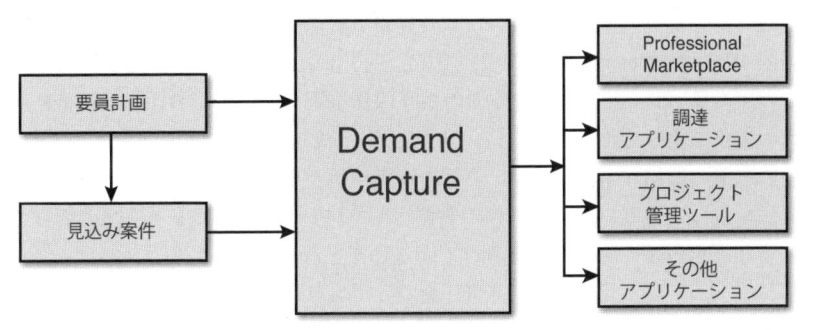

図10-2　要員計画で定義された必要スキル（需要）とProfessional Marketplaceにある要員の稼働状況（供給）とをマッチングするDemand Capture

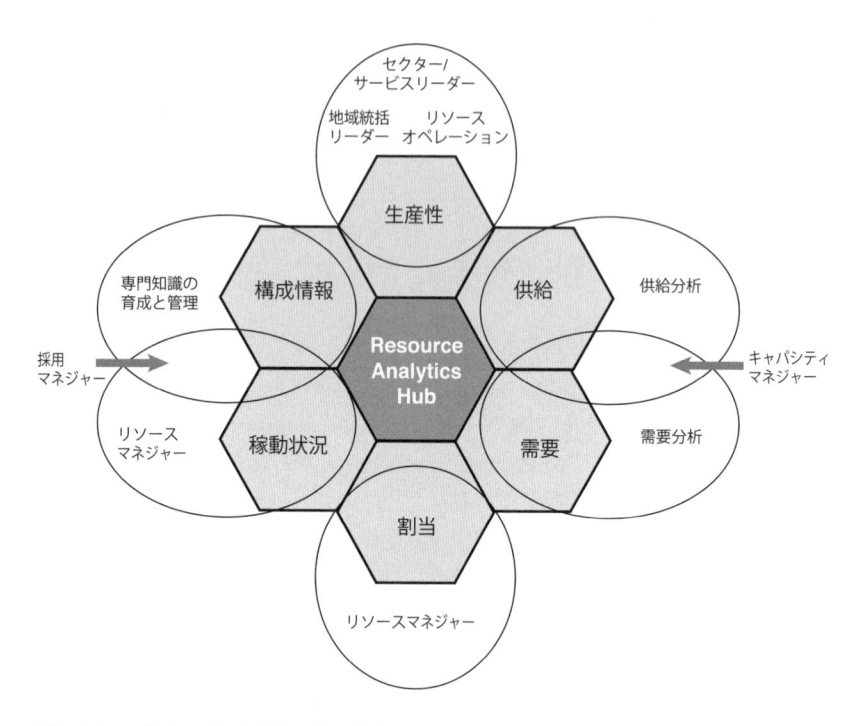

第 10 章　卓越したサービスの提供

図 10-3　全サービス組織のビッグデータとアナリティクスに対するニーズを一元管理する Recourse Analytics Hub

　また、顧客業務に従事していない社員（「ベンチ」と呼ばれる人材）の数を減らし、かつ要員の稼働率を上げ、収益獲得に貢献している。
　図 10-3 は、Resource Analytics Hub が持つ 6 つの面を 1 つの図にまとめたものである。この図は、6 つの面の相互関係を表している。各面には、それぞれの業務とそれぞれの業務をリードするマネジャーが記載されている。例えば、図の左側の採用マネジャーは、要員の構成情報と要員の稼働状況の 2 つの面の責任を負っており、同様に、図の右側のキャパシティーマネジャーは、要員の需要と供給の 2 つ面に責任を負っていることを示している。また、リソースマネジャーは、要員配置について責任を負っており、また稼働状況について、採用マネジャーを支援していることを表している。
　GTS も戦略的アウトソーシングビジネスにおける要員の需要と供給のバラン

スを取るため、2010年にResources Analytics Hubを導入した。

Resource Analytics Hubの中核をなすのは、IBM基礎研究所で開発された柔軟性のあるマッチングエンジンである。できるだけ多くの要員リクエストに応えるため、需要と供給をマッチングさせることは、単一のマッチングのような単純な話ではない。OMT（IBM Optimal Matching Technology）と呼ばれるマッチングエンジンは、最適化や人工知能の研究分野で利用されている制約プログラミングと呼ばれる手法を採用している[7]。

OMTは、利用可能な要員や募集中のポジションのリストに加え、最適化を図るための一定のルール、優先順位の情報を使用して、最適解を決定する。決定においては、全要員とポジション、および適切はマッチング条件を定義する複雑な制約事項が考慮される。今後も、IBMでは、Resource Analytics Hubのアナリティクス機能を改良および改善するための作業が継続される予定である。

図10-4は、制約プログラミングを使用して要員とポジションをマッチングさせた結果（例）を示している。割り当ての方法は、(1)優先順位付けと(2)制約事項の考慮、といった2ステップで行われる。これによりほぼ最適な割り

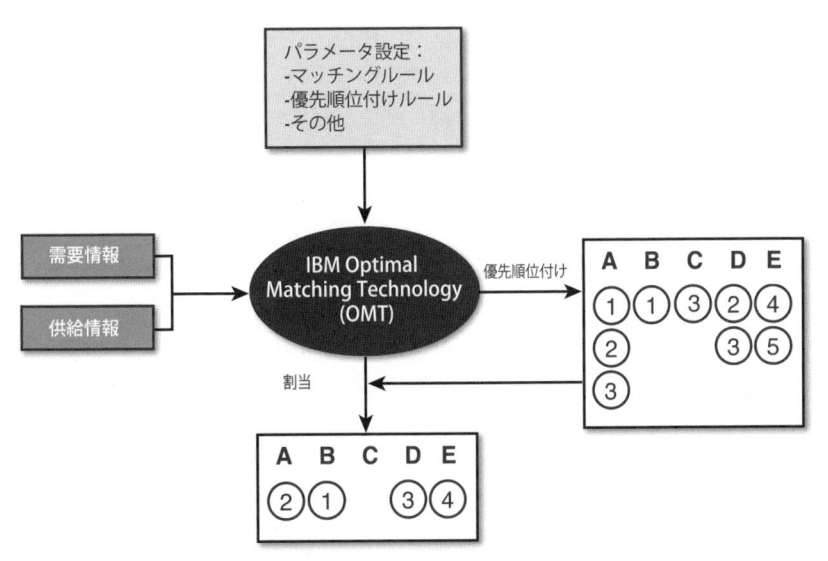

図10-4　制約プログラムを使った要員とポジションのマッチング

当てが行われる。募集中のポジション（需要）に関連するデータと、要員の稼働状況とスキルに関するデータ（供給）が、マッチングエンジン OMT に連携される。マッチング条件と優先順位付けのルールもまた、マッチングエンジンに連携されている。こちらの例では、OMT が需要と供給情報、そしてルールから、A～E とラベル付けされた5つのポジションに対し、1～5 とラベル付けされた5人が優先順位付けされ、割り当てられている様子が見て取れる（図10-4 の一番右のボックス参照）。

この図の例では、3人の人材がポジション A に対して、スキル・稼働状況とも合致している。また、3人の人材は、各ポジションに対する優先順位が考慮され表示されている。ポジション A、B、C、D は、リソース1、2、3 で競合している。この例では、同期間内に複数ポジションの需要があるため、1人を1つのポジションに割り当てる必要がある。マッチングエンジンは、制約事項に対する解決策を導くことが可能で、優先順位からほぼ最適な割り当てを行う（図10-4 の一番下、OMT の下方にあるボックス参照）。制約事項を考慮すると、5つのポジションのうち4つのポジションのみにリソースが割り当てられることになる。

D'Elena が要員計画にアナリティクスを適用する過程で学んだ教訓は、以下の通りである。

■ 企業全体でデータを共有することは、部門内にデータを蓄積するよりもいい結果を得られる。
■ 自身で検証したデータを活用し、評価することが非常に重要である。

成果：多大なコスト削減、生産性の向上、顧客へのレスポンスタイムの向上

2008年、Resource Analytics Hub の導入効果が広く認められ、Workforce Optimas Award（人事領域において顕著な変革を実施した企業に贈られる賞。Workforce Magazine が主催で毎年実施している）の Financial Impact 部門を IBM は受賞した。Resource Analytics Hub は、サプライチェーンの原理を社員生産性向上の施策に適用しており、これにより IBM は、10億ドルを超えるコスト削減を達成した[8]。

GBS と GTS は、Resource Analytics Hub を使用することでプラスの成果を

数多く達成した。GBS は、コンサルタントの生産性を 18％向上させ、顧客作業に従事していない社員の数を 8％から 3％に削減することに成功した。また、GBS と GTS のどちらにおいても、コストのかかる下請け業者の利用率を減らし、より迅速に適切な要員を見つけることで、顧客へのレスポンスタイム短縮に成功した[9]。

ビジネス課題：早期に問題を把握できる体制の確立（プロジェクト採算の予測）

サービスビジネスで成功を収めるためには、計画通りの納期・コストで、顧客の収益に貢献するサービスを提供することが重要だ。このようなサービス提供を達成するために、IBM のサービスビジネスでは、Project Portfolio Delivery Management System と呼ばれるプロジェクトの健全性を定期的に評価する仕組みを展開・利用している。

通常、サービスを主体に実施している企業では、ポートフォリオ内に数千ものプロジェクトを抱えているため、適切なプロジェクトに適切な注意を払うことが極めて難しい。そのため、タイムリーなリスク検知が難しく、顧客満足度の低下や、将来的なビジネス機会の損失を引き起こすだけではなく、プロジェクトを正常な状態に戻すため、想定外のリソース投入を必要とするケースもある。

この課題に対処するために、GBS は IBM 基礎研究所が開発した回帰分析手法を利用したアナリティクスエンジンを開発した。このアナリティクスエンジンは、プロジェクトの優先度、プロジェクトの健全性、およびプロジェクトの財務データを基に、GBS のマネジメントに対して、早期にプロジェクトリスクの警告を行うレポーティングシステムである[10]。

このアナリティクスエンジンは、Analytics Framework と呼ばれるデータ収集機能、アナリティクス機能、レポーティング機能を統合したソリューションの一部となっている。図 10-5 は、Analytics Framework の 4 つの構成要素を示している。この図から Analytics Framework がビジネスパフォーマンスデータ、アナリティクスエンジン、アナリティクスマネジメント・システム、デリバ

第 10 章　卓越したサービスの提供

```
┌─────────────────────────────┐  ┌─────────────────────────────┐
│  ビジネスパフォーマンスデータ  │  │     アナリティクスエンジン      │
│                             │  │                             │
│   -技術評価                  │  │   -財務情報                  │
│   -提案評価                  │  │   -取引条件                  │
│   -プロジェクトレビュー       │  │   -要員情報                  │
│   -プロジェクト財務評価       │  │   -お客様からのフィードバック  │
│   -プロジェクト健全性         │  │   -技術情報                  │
│   -顧客満足度                │  │   -スケジュール               │
└─────────────────────────────┘  └─────────────────────────────┘

┌─────────────────────────────┐  ┌─────────────────────────────┐
│ アナリティクスマネジメント・システム │  │ デリバリーアナリティクス・ダッシュボード │
│                             │  │                             │
│      サービスライン           │  │     [ダッシュボード画面]       │
│         卓越した             │  │                             │
│       サービスの提供          │  │                             │
│   セクター   デリバリー        │  │                             │
│            センター           │  │                             │
└─────────────────────────────┘  └─────────────────────────────┘
```

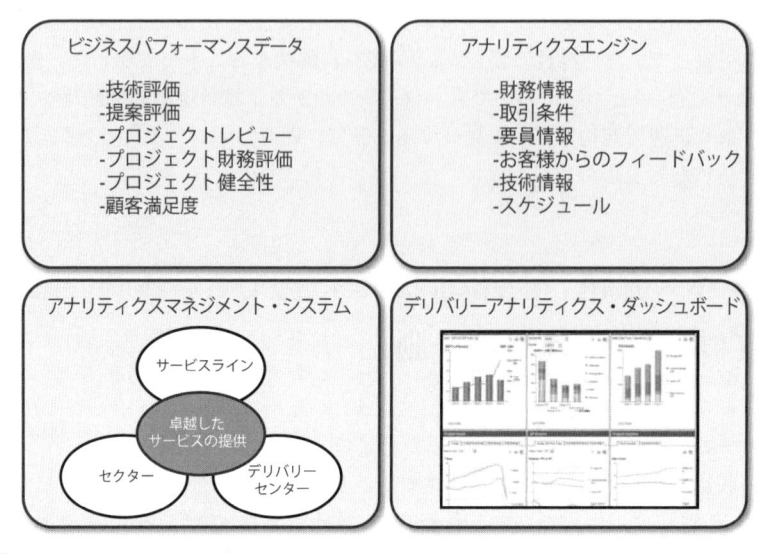

図 10-5　卓越したサービスを実現する GBS の Analytics Framework

リーアナリティクス・ダッシュボードから構成されていることが分かる。Analytics Framework には、プロジェクトの基本情報、財務情報・健全性に関する情報と顧客の満足度情報が取り込まれる。アナリティクスマネジメント・システムは過去のパターンより将来発生し得るリスクを予測することが可能であり、プロジェクトリスク検知の仕組みとして、IBM で活用されている。

ダッシュボードは使いやすく、詳細なドリルダウンが可能であり、GBS のビジネスおよびサービスラインのリーダーが最も頻繁に用いるコンポーネントとなっている。

成果：チームが顧客満足度を向上するのに役立つ情報を得ることが可能となった

Greg Dillon（Vice President,GBS Global Delivery Excellence）は、「我々の Analytics Framework を使用することで、これまで実現し得なかった方法で、プロジェクトポートフォリオの健全性が可視化できる。タイムリーに世界中のチームにプロジェクト情報を届けることが可能になり、プロジェクトチームがより良いサービスを顧客に提供することを支援しているのである」と述べている。

教訓

「今日手にしているデータから推察した関係性は、明日収集するデータには見つからないかもしれない」——プロジェクトリスクはその良い例である。非常に長い間プロジェクトの健全性が保たれていても、一瞬で問題が発生する可能性は十分にある。

「アナリティクスから価値を引き出すために、その技術を詳しく理解する必要はない」——アナリティクス技術を深く理解しなくても、ツールを効果的に使用できる。実際、IBMでも、アナリティクスの技術を深く理解していないビジネスリーダー、およびサービスラインリーダーがデリバリーアナリティクス・ダッシュボードを有効に活用している。

「9つの手段を活用することが大切である」——第1章「ビッグデータとアナリティクスに注目する理由」で述べたように、9つの差異化手段を活用することに長けている企業は、データとアナリティクスから最大の価値を引き出している[11]。IBMグローバルサービスは、既にデータとアナリティクスの基盤を構築（これは「価値の源泉」の活用に該当）、ビジネスの判断、「測定」に活用している。サービスビジネスの獲得を支援するLTS、契約リスクを予測する財務アナリティクス、要員の最適化を図るResource Analytics Hub、そして、Analytics Frameworkを「プラットフォーム」として、GBS中の人々が活用している。

IBMグローバルサービスは、データとアナリティクスを活用するための「企業文化」を構築し、「データ」マネジメントを実践しているのである。

第11章

これまでの歩みと未来への展望

> 「故きを温ねて新しきを知る」
> 孔子

道のりは続く

　IBMでは、サプライチェーンから経理財務、製品開発、人事、セールスに至るあらゆる組織で、アナリティクスが適用されており、記述的アナリティクス、予測的アナリティクス、エンティティーアナリティクス、シミュレーション、機械学習、最適化といった機能がセットになったツールが使われている。本書では31の事例を取り上げ、それぞれの事例が直面したビジネス課題、利用したデータ、適用した手法、成果について詳述してきた。これらの事例ではアナリティクスの定義、開発、展開の各フェーズにおける個人の役割についても触れてきた。なぜならアナリティクスを行う場合、演算はコンピュータが行うが、機会の定義、利用可能なデータの特定、意思決定に必要な洞察は人間が行うからである。IBMにおいて、アナリティクスはまさしくチーム単位の取り組みである。技術面でも管理面でもプロジェクトの成功に欠かせない貢献をしてきた個人はたくさんいたが、現在までのアナリティクスの行程は決して一人の先駆者によって率いられてきたものではないといってもよい。

　IBMにおけるアナリティクスの進展は複数の組織における取り組みの成果で

ある。個々の取り組みは、固有のビジネスニーズに基づき並行して進められてきたが、データ、ツール、知見は共有されてきた。そしてこの共有により、アナリティクスプロジェクトの導入方法が確立され、適切なステークホルダーを関与させることができるようになっただけでなく、データの有用性、理解、ガバナンスにおける迅速な改善を進めることができた。また成功事例と同じくらい失敗事例について広く共有してきたことにより、IBMは同じ過ちを繰り返さないで済んだのである。

■第2章「スマーターワークフォースの創出」：人事部門は、ワークフォース分析の実施によって、成長市場における社員の離職率を低下させた。また多数のデータソースを活用した新しいソーシャルメディアソリューションを開発することで、IBMの社員が様々な人事プログラムや特定のトピックをどう考えているのかについて、多くの洞察を導き出した。そして最終的に、価値があるのは洞察そのものではなく、その結果として取られた行動であるということを学んだ。

■第3章「サプライチェーンの最適化」：サプライチェーン部門は、一連のスマーターサプライチェーンアナリティクスに取り組んだ結果、ビッグデータとアナリティクスにより価値を創出するには、3つの重要な成功要因があることに気付いた。それは、取り組みに対して業務実行、業務変革、アナリティクスという3つのチームによるリーダーシップが得られること、3つのチームにそれぞれビジネス上の優位性を与えること、そして最善のアプローチとして、まずは小さく始め、相互に改善を繰り返すということだった。

■第4章「会計アナリティクスによる将来の予測」：経理財務部門は、過去の実績の単なる報告者から、価値が高く信頼のおけるビジネスアドバイザーに変わるための変革に取り組んだ。その過程で、アナリティクス文化の醸成には、経営幹部による強力なサポート、明確な目的、測定可能な目標が重要であることを学んだ。

■第5章「ITによるアナリティクスの実現」：ビッグデータとアナリティクスはIT部門の機能として不可欠である。しかしより重要なことは、ビッグデータとアナリティクスを全社規模で活用できるようにするには、CIO組織こそが企業の中で理想的なポジションにいるということだ。CIO組織はビッグデータとアナリティクスのアプリケーションを構築してきた組織である。ア

プリケーションは現在広く使用されているが、ユーザーはそのアプリケーションがどのように動いているのか知ることなくメリットを享受するのである。

■第6章「顧客へのアプローチ」：マーケティングの責任者は、アナリティクス、ビッグデータ、ソーシャルメディアを活用して、顧客のニーズ、行動を理解し、顧客に「特別な顧客経験」を提供する、というかつてない機会を手にしている。IBMのマーケティング部門は、迅速な対応は完璧な対応に勝るということを学んだ。自動化とアナリティクスの適用は、ある主要市場における顧客からの反応を14倍も向上させたし、見込み客の件数も倍増させた。

■第7章「測定不可能なものを測定」：IBMの開発プロセスの効率性向上支援を目的とするDevelopment Enterprise Transformation Institute（Dev ETI）では、それまで「測定不可能」と考えられていたものの計測に取り組み、新たなアナリティクスの基盤を作った。チームは不完全なデータのギャップを埋めるためのアナリティクスの活用方法を学び、強力なリーダーシップと責任の下で多くの組織的チャレンジを行った。

■第8章「製造の最適化」：IBMは、安価で高速のプロセッサーと安価なストレージがあれば、300mmウェハーの半導体工場から生み出されるビッグデータの分析が可能であることを知った。データの分析により、IBMは半導体チップの歩留まりを改善した。また問題を事前に検知し、複雑な製造プロセスにおけるパフォーマンスを最適化することもできるようになった。

■第9章「セールスのパフォーマンス向上」：セールスの業績を向上させるとダイレクトに利益に影響が出る。IBMのセールス部門ではビッグデータとアナリティクスを活用して、積極的にそれを実行に移した。そのアナリティクスモデルを使ったユーザーは、モデルのアルゴリズムや内部の仕組みを理解することなく、ビジネスの価値だけを引き出すことに成功した。

■第10章「卓越したサービスの提供」：IBMグローバルサービスは、経営目標の設定、契約リスクの予測、従業員のパフォーマンス向上、顧客プロジェクトのパフォーマンス予測など、複数のビジネス分野でデータとアナリティクスの恩恵を受けている。

第 11 章　これまでの歩みと未来への展望

これまでのアナリティクス

　米国にて本書を書き上げたのは 2014 年初めであるが、その時点で IBM 社内におけるアナリティクスの活用は伸び続けている。IBM 基礎研究所では、ハードウエア、情報ストレージ、アクセスの進歩やアルゴリズムによって、アナリティクスで対応可能な問題の領域を広げてきた。特に力を入れているのは分散データの並列処理で、物理的にデータをストレージに蓄積することなく、メモリー内で処理したデータに基づいて深い洞察を導き出すことを目標としている。

　さらなる取り組みとして、アナリティクスの結果をエンドユーザーにとってより身近で理解しやすいものにし、ユーザーの役割に応じた利用ができるようにすることも進めている。本書では具体的に触れていないが、世界中にある IBM のオフィス、研究所、製造拠点の不動産計画、施設管理、知的所有権ライセンスといった分野でも業績改善のためにアナリティクスを導入している。また IBM はアナリティクスのソフトウエアとサービスを何千もの顧客に提供している。その内容は様々であり、アナリティクスの専門家を対象としたアプリケーションの構築もあれば、特定の業務プロセスを対象としたアプリケーションの導入もある。社内においては AnalyticsZone というグローバルレベルのコミュニティーを設立し、ダウンロード可能な資料やツールなどを提供して、アナリティクスへの取り組みを支援している。

　IBM が最初に自社内でアナリティクスの開発と展開を行った時、スキル不足は明らかだった。幸いなことに、研究部門にはアナリティクスの基本となる分野での専門知識を持った人材は豊富におり、会社中に情報技術やビジネスのスキルを備えた人材がいた。それだけでなく、アナリティクスを使う IBM の社員などは、コミュニティーを立ち上げ、セミナーやフォーラム、共有サーバーを通じて情報と知識を共有することができた。つまり、人事や経理財務などの管理部門がアナリティクスのスキルを強化する必要に迫られた時は、コミュニティーの資料や社内研修用の資料がすぐに利用できたのである。2013 年に Emily Plachy および Maureen Norton により立ち上げられた Analytic Ambassador Community というコミュニティーは、アナリティクスの活用を提唱し、ビッグデータやアナリティクスについての講演を行い、IBM 社内での人材育成を指導しており、広く社内に影響を与えている。

　IBM 内部においてアナリティクスのスキルや知識は事業部門間で共有され、

社内研修により社内でのニーズに対応できるレベルに拡大していったが、IBMの顧客がアナリティクスをいかに効果的に使用するかについては問題が残っていた。顧客はアナリティクスチームの設立や、スキルのある要員の採用、既存のスタッフのスキルアップについて、度々IBMに支援を求めた。これらの要請を受けて、大学との連携を推進するIBMユニバーシティーリレーション部門は、世界中の1000校以上もの大学とパートナーシップを組み、学部および大学院レベルで様々なアナリティクスのアカデミックプログラムを創設してきた。最も多くの大学で行われたのが、ビジネススクールや工学部におけるアナリティクスの修士課程の創設である。その他にもアナリティクスに特化した学位プログラムを設置した大学もあれば、既存の修士課程の中でアナリティクスに重点をおいたり、主にビジネスや情報技術分野で社会人を対象とした履修プログラムを作ったりする大学もあった

　これらのプログラムへの応募者は多く、修了者の就職の機会も増加している。IBMはこれらのプログラムに、多くのアナリティクスソフトウエア製品、コース資料、ゲスト講師を無料で提供している。また、IBMのアナリティクスユーザー向けに年に一度開催している会議の一枠として、教員を対象とした会議を開催している。本書もこれらのプログラムでの使用が可能である。

　アナリティクスのビジネス上の価値が明らかなものとなり、ユーザーのスキルが向上してくると、次にアナリティクスの将来はどうなるのか考察したくなる。本書ではアナリティクスを、十分な情報に基づき意思決定を行うためのデータ及び演算の活用であると広義に解釈する。アナリティクスは専ら洞察を得るために活用されるが、価値が実現するのは、その洞察に基づき意思決定が行われる時であり、その結果実行されなかったかもしれないアクションが実行に移される時である。実行されるアクションは実行されない場合よりも良い成果をもたらすことが理想であるし、アクションの実行によって良い成果がもたらされることが少なくとも期待されるべきである。アクションが短期的には成果をもたらさず、単により良い情報に終わったとしても、その情報が将来の意思決定に使われることで、長期的には成果がもたらされる。

トランザクションデータ

　業務システムが生み出すトランザクションデータはアナリティクスにほとんど使われていない。多くの企業は過去のデータを使ってレポートを作成してい

るだけである。これから起こることを予測し、起こることを左右する意思決定の材料としてデータを使うことはあまり行われていないのである。トランザクションデータへの統計的手法やデータマイニングの適用は非常に簡単である。これらの手法をデータ可視化やデータ探査の手法と組み合わせることで、業務や業務プロセスがどのように動いているかについていっそうの理解が可能になり、トレンドの根底にあるものは何か、どの結果が相互に関係しているのか、さらには特定の結果を導き出したのはどの行動なのか、といったことが明らかになる。

トランザクションデータ間の関係は業務プロセス上の物理的な位置付けやビジネスロジック上の関係かもしれないが、物理的な位置づけやビジネスロジックでは説明できない関係があることにも留意する必要がある。例えば、「製造する自動車1台当たりに5本のタイヤが必要である」というのは、4輪自動車1台当たりの部品表の内容（スペアを入れると5本）だが、「受注10台のうち、4台はシルバー、2台はブラックである」というのは、単にその時点におけるバイヤーの色の嗜好を反映したものにすぎない。しかし、後者の関係性が真であり続ける限り、購買計画を立て、製造設備を手配する上で、前者の関係性と同じくらい有効なものとなっていく。

アナリティクスにおいて、常に真であり続ける関係性を見分けることは重要である。それは一般的に、利用可能なデータそのものが真であるのとは異なり、物理的またはビジネス上の関係性を見なければならないからである。前者の関係性は確信を持ってあらゆる意思決定に活用できるが、後者については注意深く扱わねばならず、何度も再検証を行う必要がある。しかし実際のところ、後者の関係性こそアナリティクスを実践する人々によって必要とされており、それこそがアナリティクスの可能性を急速に押し上げているのである。

シミュレーション

シミュレーションはトランザクションデータと併せて使用することも可能だ。シミュレーションモデルは通常、複雑なシステムの各部分がどう機能しているかという専門家の見解に基づいて作成される。第5章では、確率を使ったシミュレーションの1手法であるモンテカルロシミュレーションと予測モデルを使ってサーバーの改修時期を決める事例について言及した。トランザクションデータは、過去にシステムがどのように機能したかを物語るので、シミュレーショ

ンモデルの有効性の検証に使われる。またトランザクションデータは、将来のシミュレーションに必要な要因（例えば製品需要、製造ツールの故障率）を決定するために使われる。とはいえ、シミュレーションが意思決定に本当に有益なものであるためには、ビジネスの現状が、様々な外部シナリオや意思決定によって将来どうなるかが、示されなければならない。想定される将来は、さらなるデータとして調査、分析され、可視化される。

これまでサプライチェーンの領域では、工場の立地から輸送方針に至るあらゆる事柄を評価するためにシミュレーションが使われてきた。またシミュレーションは、伝染病を研究し、学校閉鎖やワクチン配布などの方針決定を行うためにも使われてきた。金融業界では、様々な経済シナリオや固有の市場変動の下での投資の将来価値を算定したり、ポートフォリオを管理するために広く使用されている。金融業界以外では、現在アナリティクスにおけるシミュレーションの活用はあまり進んでいない。これは作成したシミュレーションモデルを、常に実世界の状態と整合させ続けることが難しいことが一因となっている。しかし、起こりうる将来の結果を算出し、総合的に判断することによってのみ、リスクの不確実性を見極めることができ、リスク情報に基づき意思決定を行うことも可能となるのである。より多くのデータが蓄積され、シミュレーションのモデル化スキルが向上すれば、意思決定者が不確実性への対処にも慣れてくるため、シミュレーションが意思決定のために、より広く使用されるようになるだろう。

異なるシナリオのシミュレーションを行う都度、一連の結果が生み出される。これらの結果に統計的アナリティクスを適用すると、特定の確率（通常は95％）で真となる結果が分布する範囲を示す「信頼区間」の作成が可能になる。その他の予測的アナリティクス手法もまた、信頼区間の算定や他の確実性の測定に役立つ。しかしエンドユーザーは、信頼空間や分布ではなく、簡潔で唯一の回答を好む傾向にある。大学のアナリティクス教育の中には、信頼区間や分布、その他利用可能な手法を使って説明したり、意思決定を行ったりする能力の育成が図られているケースもある。

ユーザーはこれまでと同様にデータから単一の回答やシグナルを識別するとしても、選択肢や結果に対するより詳細な説明は、アナリティクスの手法やアプリケーションにより可能な限り提供されるべきである。確実性の測定を活用した面白い事例の1つが米国のクイズ番組である「Jeopardy!」におけるIBM

のスーパーコンピュータ Watson と 2 人のクイズチャンピオンとの対戦である。Watson は導き出した回答ごとに、回答が正解となる確信度を計算しており、ファイナルラウンドではその計算結果に基づき、リスクを冒してまでも回答を記入するべきかどうか、掛け金をいくらにするかを決定したのである。

アラート

バッチ処理志向の記述的アナリティクスから、ほぼリアルタイムでの予測的アナリティクスの活用へ移行する最初の一歩が、アラートの使用である。最も簡単な形式のアラートは、算出した値が事前に指定した範囲を超えたことをエンドユーザーに知らせるだけのものだ。例えば、銀行の口座残高が一定のレベルを下回ると銀行から預金者に通知が来る、というアラートの仕組みがそれに該当する。口座残高レベルなどの安全マージンを設定することで、不渡り小切手など望ましくない出来事が発生する前に早期にユーザーに警告し、それに対処する時間を与えるのである。

信頼区間を導き出す予測的アナリティクスは、望ましくない出来事の発生確率が特定のしきい値を超えるたびにユーザーに通知するアラートの構築に利用できる。現状だけでなく過去のデータ、異なる計測値の間の相関関係、さらにはリスク軽減措置が取られる可能性まで考慮する予測的アラート手法は、様々なアプリケーションで利用できるようになるだろう。この手法を適用する新しい領域の 1 つが、重機の予測保守である。このアプローチでは、機器に取り付けられた多数のセンサーから送られてくるデータから、機器の利用、故障、修理に関する情報を収集し、一定の時間内における故障の可能性を予測して予防的保守を行うだけでなく他の利用方法を提案する。

予測（フォーキャスティング）

IBM は過去数十年にわたって週次または月次の製品販売数を予測してきた。この製品販売数予測は、生産計画および財務計画のためのインプットとして使われている。第 4 章で述べた通り、IBM の経理財務部門は各地域レベル及びグローバルレベルでの収益予測を行っている。この予測手法は、給与、旅費、福利厚生費など特定のカテゴリーの支出を見通すためにも用いられている。さらに IBM は予測手法を活用して、ハードウエア保守ビジネスに必要な在庫や要員を決定しており、この予測手法を最適化の手法と組み合わせて、保守契約

しているコンピュータの設置場所情報に基づき、在庫をどこに配置すればよいかを提案している。

製造数の多い製品の予測は、IBM の DemandTec を含む数多くのソフトウエアパッケージでプライシングと共によく研究されており、対応は容易である。その半面、製造数が非常に少ない製品や、まれにしか起こらない事象に対する予測はあまり研究されておらず、目下の研究テーマとなっている。数の少ない部品の故障における予測の良い事例は、航空宇宙業界や NASA で始まった、統計に基づく信頼性工学の分野である。非常に個数の少ない保守部品の予測は、特定の時間内に起きた故障の修理に部品が必要となる可能性の予測であり、異なるタイプの故障がいつ起きるかを予測するのと同じである。

需要予測に関する研究が盛んなもう 1 つの分野に、異なる製品の週ごとの需要といった、時系列間の相関関係の分析がある。時系列間にオフセットの相関関係がある時、ある時系列は他の時系列を判断する上での早期のシグナルとして使用される。つまり、ある製品の現在および最近の需要実績を、別製品の将来の需要予測のために使用するのである。そのような時系列の組み合わせを発見するには大量の演算を必要とする。項目のあらゆる組み合わせの相関関係、あらゆるオフセットの関係を算定しなくてはならない。2 つのアイテムで 3 つ目のアイテムを予測する場合は、3 つすべてを検証しなくてはならず、演算の要件が増大する。近い将来、さらに強力な演算パワーが利用可能になるとしても、無差別に演算を行うことは現実的ではない。

こうしたアプローチを理にかなったものにするには、検証対象から多くの組み合わせの可能性を除外していくか、少数の組み合わせを最初から特定して演算を最小限にするフィルタリング手法が必要になる。ある製品の需要と別の製品の需要の相関関係を考えることに加え、製品需要と他の時系列との相関関係を見つけることが正確な予測において重要である。広告プレースメント、製品発表、競合他社の製品発表、売り手とのコンタクトは、すべて時系列で示すことができ、製品販売との相関関係がある。大変興味深いことに、買い手やそのインフルエンサーの意見は、技術文書や買い手のコミュニティーサイト上のテキスト情報からも抽出できる。この意見情報は時が経つとトーンや量が変化するかもしれないが、販売データと相関関係があり、時には需要予測データのさらなる情報源の特定につながるのである。

本書で紹介する多くの事例が示すように、データ分析により将来を予測する

第 11 章　これまでの歩みと未来への展望

トレンドやシグナルの発見を行うケースは多い。そこで用いられる手法のほとんどは、想定した結果を導き出すための大量のデータの検討である。各データは想定した結果であることに加え、既知の事実を示すという特徴がある。予測的アナリティクスの目標は、異なる特性が異なる結果と相互に関係するのか、またどのように関係するのかを把握することである。理想的に言えば、アナリティクスは予測できない新しい特性に適用されるスコアリングモデルを作り出す。スコアリングモデルは、最も可能性の高い結果を算出するかもしれないし、想定される結果の発生可能性を算出するかもしれない。

予測的モデルの作成には、多くの手法が利用できる。IBM におけるプロジェクトの大半は、IBM の製品である SPSS が提供する手法を利用したものである。これらのプロジェクトで使用されたデータは大規模だったが、データと演算を分散して行わなければならないほどの規模ではない。一般的に、データサイエンティストはデータおよび業務プロセスに関する自らの知識を活用して、何十または何百もの特性を抽出してきたが、その数は数万には及ばない。多くの場合、IBM が検討してきたデータの数は数千から数十万であるが、情報不足の懸念がない場合には、さらにそのサブセットレベルでも良いかもしれない。

アナリティクスの未来

「時宜を得たアイデアに勝るものはない」
ヴィクトル・ユーゴー

ビッグデータとアナリティクスの未来を形作るいくつかの動きがみられる[1]。日々生み出されているデータの量は、1 日につき 25 億ギガバイトと膨大である。そして、その多くはソーシャルメディア、動画、音声、画像、センサーからのデータなど、非構造化データである。データ量が膨大になると、必要の都度データから洞察を得ることが難しくなる。しかし幸いなことに、コグニティブシステムによってビッグデータを迅速に探索し、洞察を見いだすことができるようになるのである。

増大するデータ

　事業が継続する限り、トランザクションデータの量は増え続ける。業務処理が自動化され、ますます多くの情報が収集されるようになると、1トランザクション内に含まれるデータ量も増大する。そのため、企業内のトランザクションデータの保管数は加速度的ペースで増大し続けている。予測的モデリング手法は、データ数の拡大に対処できるよう見直されている。現在、半導体製造ラインで生み出されるデータは、IBM 社内で洞察のために定期的にマイニングされるデータの中でも最も大規模なものである（このデータがいかにして生産量と品質向上のために活用されているかについては第8章に記述）。データ処理センターそのものに機器が整備され、コンピュータ処理が大規模クラウドで行われるようになるにつれ、演算プロセスで生み出されるログデータも急速に増えている。

　これらのデータを検証して、デバイスやプロセスの不具合の予測、タスク完了時間の見積もり、利用可能なリソースへの業務とデータの適切な配分を行うことは、ますますデータサイエンティストやアナリティクス専門家の中心的活動となっていくだろう。モノにセンサーを取り付け、通信機能を搭載する「モノのインターネット」は、ビッグデータを爆発的に増大させる。これらのデータもまた、データサイエンティストやアナリティクス専門家の焦点となっていくだろう。

　本書で紹介した事例の多くで使用されているアナリティクスの手法の1つ、数学的最適化は、行動と結果、または行動と行動の間に因果関係や相関関係がある場合に適用できる。広く用いられている数学的最適化の手法である線形計画法や整数計画法は、IBM の製品である IBM ILOG CPLEX で提供されており、行動と結果が物理的プロセスでリンクしているロジスティクスや製造における問題解決に適用されている。過去10年にわたって最適化の手法は、統計またはマイニングの手法によって、行動と結果を結び付ける関係性をデータから推察する場合にも使われてきた。しかし前段で述べた通り、新しいデータが利用可能になる都度、推察された関係性は継続的に検証・更新されなければならない。

　マイニングと最適化のステップの組み合わせで解決しなければならない制約はあるものの、最適化はマーケティング支出から最大の効果を引き出したり、プロジェクトに適切なスキル要員を配分したり、複雑な製品開発プロセスの管

理や、IBM 社内にあるその他多くのリソース配分問題のために活用することができる。CPLEX や同種の製品は、行動と結果の関係性を 1 つに決めようとするが、それは通常こうした製品は、多様性や不確実性に直接的に対処できないからである。多様性を捉えるシミュレーションなどの手法と最適化との組み合わせは、現在 IBM が精力的に研究している分野である。

　業務プロセスが自動化されるにつれ、関連する意思決定プロセスも自動化されなければならない。これは現在、主に既存の意思決定ロジックを反映したビジネスルールを活用することで実現している。最適化のような予測的および処方的手法は、過去のトランザクションデータに含まれる意思決定のデータに基づきビジネスルールを作るために使用される。これらの手法はまた、望ましい結果をもたらした行動だけを選択し、ルールを改善するためにも使用できる。最適化手法を使用して、直接的に意思決定を自動化することも可能だが、最適化プログラムの処理コストが正当化されるだけの結果の改善は必要である。ほぼリアルタイムで意思決定にルールが適用される一方、最適化をバックグラウンドで処理し定期的にルールを調整するハイブリッドなアプローチが、リソース配分問題の解決には必要である。とりわけ大規模なデータセンターの運営やクラウドコンピューティングの管理において重要性を増すだろう。

非構造化データ

　本書で取り上げたアナリティクスプロジェクトの多くは、IBM 社内業務の自動化システムから生じた構造化データを活用している。例外の一つは、第 2 章で述べた Enterprise Social Pulse だが、これは入力データとしてフリーのテキストデータを用い、従業員の意見を分析するものだ。第 9 章で紹介した販売事例では、外部の構造化データ（例えば Dun & Bradstreet のデータ）を利用している。第 6 章の「クランチデイ（Crunch Day）」の事例では、Twitter からの非構造化データを用いている。また、いくつかのプロジェクトでは構造化データ内にフリーのテキストデータを含んでいる。それらのケースでは、データ分類を効果的に行うためにテキストの「クレンジング」を行っている。統計学者とコンピュータサイエンティストは何世代にもわたり、構造化データを研究しており、それによって構造化データの格納、圧縮、抽出、クエリー、集約、分析、可視化といった幅広い機能が開発されてきた。現在は、密接な連携はないものの世界中行われている数千もの取り組みで、テキスト、音声、画像、動画

といった形式のデジタル・データの格納・分析を行っている。

「非構造化データ」という用語は、事前定義されたデータモデルを持たない、あるいは事前定義された方法で体系化されていないデジタル情報を意味する。非構造化データの大半は、人間が作成したテキストだ。その例としてEメール、書類、テキストメッセージ、ツイート、ソーシャルメディアサイトでの近況情報、製品情報サイトでのレビュー、ブログなどが挙げられる。非構造化データには価格や日付などの数字が含まれることもあるが、非構造化データにそのようなラベル付けはされない。構造化データはデータモデルによって各タイプのデータ処理方法が特定されるため、コンピュータによる処理は比較的容易だが、非構造化データは従来のコンピュータプログラムでの処理が難しい。

IBM社内の非構造化データの大半は、発明届出書、製品説明書、プロジェクト文書、人事記録、顧客向け提案書および契約書、事業計画、プレスリリースなどのテキストデータだ。テキスト文書の内容を理解することを、一般的に「コンテンツ分析」という。IBM社内では、テキスト文書の自然言語処理フレームワークとしてUIMA（Unstructured Information Management Architecture）[2]を使用している。

IBM内での非構造化データの使用例の1つが、従業員間のつながりを示すグラフの作成だ。これらのつながりは、テキスト文書から導き出される。例えば、Eメールの「発信」と「宛先」の情報は発信者と受信者の間に関係があることを示しており、メールの件名や内容はどういう関係かを示している。レポートや特許出願書が連名で書かれている場合、執筆者同士の間に、そのレポートや出願書のテーマに関連した関係があることを示している。コミュニティーネットワークの規模、構造、参加者の相関関係や、特定のビジネス結果を把握することは、IBMの潜在的な価値となるだろう。なぜなら望ましい結果と相関するパターンが推奨されるようになるからである。逆に管理者たちはマイナスの結果と結び付くパターンを阻止し、方向性を変えることに注意を払うようになるだろう。

IBMは動画や、文書、オンラインコースを活用して多くの学習の機会を従業員に提供している。教育コンテンツは社内イントラネット経由でアクセスされるため、各従業員がアクセスしたコンテンツの種類と時間の追跡が可能である。コンテンツの有用性については従業員から直接フィードバックを得ることができることに加え、特定のビジネス成果と研修データの関係を分析することで、

教育コンテンツのビジネスにおける価値を計測することが可能となる。このような分析は、従業員の職務と知識を考慮し、きめ細かく行う必要があるが、そうすることで最終的に個々の従業員が時間を最大限有効に使うことができるような教育コンテンツの作成も可能になるのである。

IBMは他の多くの企業と同様、従業員間の連携や情報共有のため、また従来型の「プッシュ型」コミュニケーションから近況のアップデート、ブログ、その他個人や特定テーマのフォローといったプロセスに移行するためにソーシャルコンピューティングを活用している。しかしながら、IBM社内のソーシャルコンピューティングは、単にソーシャルであることだけを意図していない。つまり、コミュニケーションパスを短くし、すべての従業員の参加型で、顧客により良いサービスを提供することを意図している。IBMの顧客情報を従業員間で共有するためのワークプレースであるClient Collaboration Hub (CCH)はその良い事例である。IBMの主要な顧客ごとに、担当エグゼクティブを管理者とするCCHが設けられ、顧客ビジネスに関する情報やIBMと顧客とのやり取りに関する詳細情報が共有される。つまりCCHは、同じ顧客を担当する複数のチーム間で顧客に関するナレッジを共有し、互いに連携する場となるのである。

各チームはまた、このハブを活用して提案依頼への対応や顧客ミーティングの準備を行ったりもしている。CCHの活用により、電話やEメールで顧客にコンタクトする回数が減り、各チームは顧客のニーズにより効果的に対応できるようになった。そのため比較的小規模な顧客を対象とした、ハブも現在構築中である。これらのハブによりIBMの生産性が短期的に改善することが期待されるが、一方でハブの使用が増え、管理するコンテンツも拡大しているため、新たなアナリティクスのデータソースとしての使用も期待される。ハブに格納されたたくさんのデータや、ミーティングや提案準備といった活動から収集したデータを検証し、関連するトランザクションデータと併せて特定の結果と相関するパターンを探すことで、早期の警告シグナルを発信したり、ベストプラクティスを識別したりすることが可能になるかもしれない。ただし、他のアナリティクスの事例同様、パターン発見前には十分なデータの蓄積が必要である。ソーシャルコンピューティングはIBMの他の業務プロセスにも用いられているので、テキスト情報（ブログ、問い合わせ、コメントなど）、数量情報（ページアクセス数、返答数、「いいね」の数など）、リンク情報（従業員と従業員、

従業員と顧客、従業員とスキルなど）などの蓄積された情報によって、アナリティクス適用の機会もさらに増えるだろう。

コグニティブコンピューティング

　WatsonがJeopardy!で2人のチャンピオンに勝利したことは、コンピューティングの新しい時代の始まりを告げる出来事であった。コンピューティングの第1世代は計算の時代であり、計算、分類、記録といった、負荷の大きい業務を処理することにコンピュータを使用する。第2世代はプログラミングの時代で、人間が組んだプログラムで幅広い演算タスクを超高速で処理した時代であり、第3世代がコグニティブ（認識）の時代である。新しい世代のシステムは、認識、学習、解釈し、人間とインタラクティブなやり取りを行うことで、洞察とアドバイスを導き出す[3]。コグニティブコンピューティングによって、ビッグデータの分析は非常に価値のあるものになる。事例として、質問に基づくビッグデータの洞察の可視化、データの探索と洞察の発見、ビッグデータ中の異常値の検知などが挙げられる。本書で述べたアナリティクスのアプリケーションは、1つを除いてすべて従来型のプログラミング手法を用いているが、IBM内部では既にWatsonのコグニティブ技術の使用を開始している。

　第5章で紹介したWatson Sales Assistantは、Watsonを使った社内パイロットであり、IBMの営業によるIBM製品やサービスオファリングに関する顧客からの問い合わせ対応を支援するものである。これはWatsonのプラットフォーム上で動いており、IBM特有のコンテンツ、辞書、オントロジー、アナリティクスへと機能を拡張してきた。このツールの社内ベータ版は、本書執筆と時を同じくして展開されている。他のアナリティクスプロジェクト同様、社内使用を通じてIBMコグニティブコンピューティングのオファリングに良い効果をもたらすことが期待される。Watson Groupがコグニティブコンピューティングを使用して幅広い意思決定プロセスに対応し、他の業界の変革を行うことで、IBMにもこれまで想像もしていなかった新しい可能性が生まれることになるだろう。

　IBMのアナリティクスへの道のりは続く。本書で取り上げた事例の多くは、限りない可能性の一角にすぎない。IBMの変革はこれからも続いていく。IBM基礎研究所はコグニティブコンピューティング手法のさらなる可能性を今後も開拓し続けるだろうし、IBMはそれを革新的な方法で活用するからであ

る。本書では、ビジネスリーダーや学生たちにひらめきを与え、新しい可能性に光を当てるために、ビッグデータとアナリティクスの適用から得た教訓をまとめた。イノベーションと成長は、よりスマートであることを目指す企業が手に入れる。あなた方の道のりはどこへ向かうだろうか。

付録

ビッグデータと
アナリティクスの活用事例

付録　ビッグデータとアナリティクスの活用事例

活用事例	ビジネス課題	成果	章	事例活用の考え方	データの種類	アナリティクス手法
人材保持	成長市場において高価値な人材の定着を図る	離職率が低下し、期待を上回る純便益が得られた	第2章「スマートワークフォースの創出」	人材管理	社員データ履歴	予測的アナリティクス、クラスタリング
評判分析	社員の考え方を正しく把握する	社員に関する現実的な洞察に基づいて行動できるようになった	第2章「スマートワークフォースの創出」	マーケティング：製品に関する顧客の反応	ビッグデータ（多様性、ボリューム、スピード）、ソーシャルメディア（IBM Connections、Twitter、Facebook、LinkedIn）	ソーシャルメディアアナリティクス、テキストアナリティクス、評判分析
問題の検知	品質問題を早期に検出する	大幅なコスト削減、生産性の向上、ブランド価値の増大および2つの賞の受賞を達成した	第3章「サプライチェーンの最適化」	製造業：製品製造における品質問題の検知	ビッグデータ（ボリュームとスピード）、多数のデータ源からのパラメーターデータ	累積和（CUSUM）、アラート

194

在庫管理	需要と供給の可視化とチャネル在庫管理の改善を提供する	在庫補償費用の削減、返品の削減、2つの業界賞の受賞を達成した	第3章「サプライチェーンの最適化」	該当なし	ビッグデータ(容量)、サプライチェーンで流れるからのデータ	在庫/コストトレードオフモデル、最適化、予測(フォーキャスティング)
売掛金管理	売掛金管理プロセスおよび回収者の生産性の向上を図る	全回収プロセスを通じた全ての売掛金を追跡するための可視性の向上と人件費が削減した	第3章「サプライチェーンの最適化」	売掛金管理	支払い履歴データ	予測的アナリティクス、最適化、ビジネスルール
混乱の予測	サプライチェーンの混乱を予測する	監視する出来事に数を10倍に増加し、現地語による監視の有益性を実証した	第3章「サプライチェーンの最適化」	マーケティング：マーケットインテリジェンス	ビッグデータ(多様性、ボリューム、スピード)、ソーシャルメディア(ブログ、フォーラム、掲示板、レビュー、ビデオ、オンライン、Twitter、Facebook、LinkedIn)、ニュースフィード	ソーシャルメディアアナリティクス、テキストアナリティクス、評判分析
基礎	基本を押さえる	標準化された視点で情報を可視化	第4章「会計アナリティクスによる将来の予測」(「取り組みの方向性」節を参照)	社内で実施されるさまざまなアナリティクスプロジェクト	会計元帳データ、取引システムからのデータ	予測的アナリティクス

付録　ビッグデータとアナリティクスの活用事例

活用事例	ビジネス課題	成果	章	事例活用の考え方	データの種類	アナリティクス手法
基礎	アナリティクス文化の醸成	経営層の積極的な支援、革新的なプログラムが企業文化の変革を促進	第4章「会計アナリティクスによる将来の予測」(取り組みの方向性)[1節を参照]	すべての業務分野	状況により異なる	該当なし
支出の予測	業務効率化、リスク管理および情報に基づく意思決定—支出の追跡	より効率的・効果的支出の予測	第4章「会計アナリティクスによる将来の予測」	販売、製造	販売データ、会計元帳データ	予測的アナリティクス
国際税務に関する予測	業務効率化、リスク管理および情報に基づく意思決定—各国での法定報告要件への対応	法定および税務報告の効率化とアナリティクスの利用	第4章「会計アナリティクスによる将来の予測」	各国での税務および法律上定められている報告要件の遵守が必要な企業	税法、法規制	予測的アナリティクス、テキストアナリティクス
リスクの予測	リスクと報酬のバランス	カントリーファイナンシャル・リスクスコアカードは、ビッグデータを使用し、各国動向をモニタリング、リスクを軽減	第4章「会計アナリティクスによる将来の予測」	世界各国で事業を展開するあらゆる分野の企業	ビッグデータ、会計データ、経済レポート	予測的アナリティクス、回帰分析

リスクの予測	買収戦略の検証	M&Aアナリティクスが買収の成功率を改善	第4章[会計アナリティクスによる将来の予測]	買収により事業拡大した事業領域、M&Aを実施する企業	過去の買収実績データ、買収企業に関する情報	予測的アナリティクス
IT管理	サーバーの改修時期を決める	アプリケーションの可用性向上	第5章[ITによるアナリクスの実現]	該当なし	サーバーの障害数	ランダムフォレストモデル、モンテカルロシミュレーション、予測的モデリング
IT管理	セキュリティインシデントの検知	セキュリティインシデントの検知が増加	第5章[ITによるアナリティクスの実現]	該当なし	ビッグデータ(ボリューム、スピード)、リアルタイムでの統合、解析される多数のデータソース	セキュリティ異常を検知するルール
基礎	特別な顧客経験を提供するためのデータ基盤とアナリティクス能力の構築	顧客レベルでの洞察の提供に向けた企業内個人の顧客マスターの整備	第6章[顧客へのアプローチ]	企業内個人の顧客マスターのその他業務での活用(マーケティング業務以外)	顧客の購買履歴、企業属性情報	予測的アナリティクス
有効性管理	マーケティングの効果のリアルタイム評価(パフォーマンス管理)	マーケティングの効率化とマーケティング変革の基盤の確立	第6章[顧客へのアプローチ]	社内アプローチを商用化して他社に提供	メール開封率、クリックスルー率、その他キャンペーン評価指標	企業マーケット管理自動化

付録　ビッグデータとアナリティクスの活用事例

活用事例	ビジネス課題	成果	章	事例活用面の考え方	データの種類	アナリティクス手法
有効性管理	マーケティング施策と成果の因果関係の検証	特別な契約条件を設定したシステム取引の増加（67%から98%、3四半期）	第6章「顧客へのアプローチ」	事象間の相関関係が不明確で次の行動を判断しにくい場合。因果関係の判断に活用。	1200企業の6年間3300件の契約にかかる売上履歴	観察研究
情熱の醸成	IBMのデジタル戦略に影響を与える洞察をツィートから獲得	獲得した洞察に裏付けられたデジタル戦略の変更	第6章「顧客へのアプローチ」	あらゆる組織ならびに学校	ツイート(Twitter)	ソーシャルメディアアナリティクス、テキストアナリティクス、評判分析
基礎	意思決定を可能にする開発費用の共通の見方を定義する	開発費用ベースライン・プロジェクトは測定不可能なものを測定できることを証明	第7章「測定不可能なものを測定」	該当なし	財務、会計、人事のデータ	テキストマイニング、最近傍法、ビジネスルール、予測的アナリティクス
製造スケジューリング	半導体製造工場における複雑な製造工程のスケジューリング	製造時間の短縮	第8章「製造の最適化」	任意の製造業	製造プロセス、ツール処理率、ワークロード	整数計画法、制約プログラミング、ビジネスルール

歩留まり向上	半導体製造の歩留まり向上	歩留まり向上によるコスト削減	第8章「製造の最適化」	任意の製造業	ビッグデータ(ボリューム)、プロセス追跡データ：半導体ウェハーの加工中に多数の化学的、物理的、機械的センサーがデータを収集（時にはほぼリアルタイムで）	データマイニング
問題の検知	異常なイベントを検出する時間の短縮	エンジニアが対策を講じる	第8章「製造の最適化」	任意の製造業	ビッグデータ(ボリューム)、プロセス追跡データ：半導体ウェハーの加工中に多数の化学的、物理的、機械的センサーがデータを収集	単変量解析、時系列データの平均と分散、スコアリング
製品ポートフォリオ簡素化	ハードウェア製品ポートフォリオの大幅な縮小	ハードウェア製品ポートフォリオの大幅削減	第8章「製造の最適化」	任意の製品ビジネス	データ統合の課題	予測的アナリティクス

活用事例	ビジネス課題	成果	章	事例活用の考え方	データの種類	アナリティクス手法
収益成長	収益最大化に向けた営業担当者の最適配置	セールスのパフォーマンスの向上	第9章「セールスのパフォーマンス向上」	他のセールス組織	ビッグデータ、テリトリー毎の売上、顧客数、地理的ロケーション	最適化
収益成長	テリトリー設計の最適化	テリトリーのパフォーマンスの向上	第9章「セールスのパフォーマンス向上」	他のセールス組織	将来のビジネス機会、顧客セグメンテーション、業界カテゴリー	最適化
収益成長	顧客への営業投資配分の最適化	売上増大と生産性向上	第9章「セールスのパフォーマンス向上」	人材の管理と配置	ビッグデータ（売上、営業担当者の活動、各顧客におけるビジネス機会など）	最適化
ビジネスケース	企業横断での効率化の実現	アナリティクスに基づく顧客志向のビジネス・ケースの承認の獲得	第9章「セールスのパフォーマンス向上」	ビジネスケース作成時のアプローチとして参照	ビッグデータ（ボリューム）、COPからの採算性データ、収益、成長率、IBMウォレットシェア（推定値）	予測的アナリティクス
ビジネス開発	新たなビジネス開発	契約額、収益、見込み案件の増加	第10章「卓越したサービスの提供」	新規ビジネス開発全般に適用可能	ビッグデータ（ボリューム&スピード）、ソーシャルメディア（IBMConnections、LinkedIn）、構造化データ（財務データベース）	エンティティアナリティクス、テキストアナリティクス、予測的アナリティクス

リスク予測	契約リスクの予測	財務リスクアナリティクスの展開	第10章「卓越したサービスの提供」	契約に伴うリスク	契約データ履歴、財務データ	予測的アナリティクス
要員の最適化	社員の生産性向上	多大なコスト削減、生産性の向上、顧客のレスポンスタイムの向上	第10章「卓越したサービスの提供」	人材管理	要員計画、見込み案件の情報、要員のスキルや構成情報	最適化（制約プログラミング）
問題の検知	早期に問題を把握できる体制の確立	チームが顧客満足度を向上するのに役立つ情報を得ることが可能となった	第10章「卓越したサービスの提供」	非常に複雑なプロジェクトに適用可能	アセスメント・データ、財務情報、プロジェクト健全性、顧客満足度	回帰分析、予測的アナリティクス

参考文献

1章

1. 2013 IBM Annual Report, IBM Corporation, page 13. http://www.ibm.com/annualreport/2013/.
2. Lewis, M., Moneyball: The Art of Winning an Unfair Game, W. W. Norton & Company, 2004.
3. Siegel, E., Predictive Analytics: The Power to Predict Who Will Click, Buy, Lie, or Die, Wiley, 2013.
4. Leskovec, J., "Tutorial: Analytics & Predictive Models for Social Media," Stanford University, 2011. http://snap.stanford.edu/proj/socmediawww/.
5. Elsas, J. L., and Glance, N., "Shopping for Top Forums: Discovering Online Discussion for Product Research," Proceedings of the First Workshop on Social Media Analytics, ACM, New York, 2010. http://dl.acm.org/citation.cfm?id=1964862&CFID=389807816&CFTOKEN=33144969.
6. Kadochnikov, N., and Norton, M., "Social Media Analytics: Measuring Value Across Enterprises and Industries," Journal of Management Systems,Volume 23, Number 1, 2013.
7. Jonas, J., "Enterprise Amnesia Versus Enterprise Intelligence," IBM Redbooks Video, TIPS0924, 2013. http://www.redbooks.ibm.com/

abstracts/tips0924.html?Open.
8. Ibid.
9. Schroeck, M., et al., "Analytics: The Real-World Use of Big Data · How Innovative Enterprises Extract Value from Uncertain Data," IBM Institute for Business Value, 2012. http://www-03.ibm.com/systems/hu/resources/the_real_word_use_of_big_data.pdf.
10. Moore, G., "Systems of Engagement and the Future of Enterprise IT · A Sea Change in Enterprise IT," AIIM, 2011. http://www.google.com/url?sa=t&rct=j&q=&esrc=s&source=web&cd=1&cad=rja&ved=0CDQQFjAA&url=http%3A%2F%2Fwww.aiim.org%2F~%2Fmedia%2FFiles%2FAIIM%2520White%2520Papers%2FSystems-of-Engagement.pdf&ei=sPL0Uu6zGcXY0gGFzoCYDQ&usg=AFQjCNFSo9Ne5zPwcdPEYQsaceW6g5JnBg&sig2=bIsNdgSnumdHzstwxh6PA&bvm=bv.60799247,d.cWc.
11. Wallace, M., "Maximize the Value of Your Systems of Engagement,"IBM Corporation. http://www.ibm.com/engage.
12. LaValle, S., et al., "Analytics: The New Path to Value · How the Smartest Organizations Are Embedding Analytics to Transform Insights into Action," IBM Institute for Business Value, 2010. http://public.dhe.ibm.com/common/ssi/ecm/en/gbe03371usen/GBE03371USEN.PDF.
13. Schroeck, M., et al., "Analytics: The Real-World Use of Big Data."
14. LaValle, S., et al., "Analytics: The New Path to Value."
15. Urso, D. L., et al., "Enterprise Transformation: The IBM Journey to Value Services," IBM Journal of Research and Development, Volume 56,Number 6, November/December 2012. http://ieeexplore.ieee.org/xpl/articleDetails.jsp?tp=&arnumber=6353958&queryText%3Denterprise+transformation+IBM+journey.
16. DeViney, N., et al., "Becoming a Globally Integrated Enterprise:Lessons on Enabling Organization and Cultural Change," IBM Journal of Research and Development, Volume 56, Number 6, November/December 2012. http://ieeexplore.ieee.org/xpl/articleDetails.jsp?tp=&arnumber=6353944&queryText%3Dbecoming+a+globally+integrated.

17. Butner, K., "Creating a Smarter Enterprise: The Science of Transformation," IBM Institute for Business Value, 2013. http://public.dhe.ibm.com/common/ssi/ecm/en/gbe03584usen/GBE03584USEN.PDF.
18. Ibid.
19. Rao, A., "The 5 Dimensions of the So-Called Data Scientist," Emerging Technology Blog, Pricewaterhouse Coopers, March 5, 2014. http://usblogs.pwc.com/emerging-technology/the-5-dimensions-of-the-socalled-data-scientist/.
20. LaValle, S., et al., "Analytics: The New Path to Value."
21. Kadochnikov, N., and Norton, M., "Social Media Analytics: Measuring Value Across Enterprises and Industries."
22. "From Novice to Master: Understanding the Analytics Quotient Maturity Model," IBM Canada, Ltd., 2011. http://public.dhe.ibm.com/common/ssi/ecm/en/ytw03169usen/YTW03169USEN.PDF.
23. Balboni, F., et al., "Analytics: A Blueprint for Value・Converting Big Data and Analytics Insights into Results," IBM Institute for Business Value, 2013. http://public.dhe.ibm.com/common/ssi/ecm/en/gbe03575usen/GBE03575USEN.PDF.
24. Ibid., page 5.
25. Ibid., page 6.

2章

1. "Leading Through Connections・Insights from the Global Chief Executive Officer Study," IBM Institute of Business Value, May, 2012, page 17. http://www-935.ibm.com/services/us/en/c-suite/ceostudy2012/downloads.html.
2. Davenport, T., Harris, J. and Shapiro, J., "Competing on Talent Analytics," Harvard Business Review, October 2010.
3. Gartner, IT Glossary. http://www.gartner.com/it-glossary/?s=smarter+workforce.

参考文献

4. Wallace, M., "Maximize the Value of Your Systems of Engagement," IBM Corporation. www.ibm.com/engage.
5. Burkard, R., Dell'Amico, M., and Martello, S., Assignment Problems(revised reprint), Society for Industrial and Applied Mathematics, 2012. http://www.assignmentproblems.com.
6. Mayer-Schonberger, V., and Cukier, K., Big Data: A Revolution That Will Transform How We Live, Work, and Think, Houghton Mifflin Harcourt Publishing Company, 2013.
7. "Getting Smart About Your Workforce: Why Analytics Matter," IBM Global Business Services, March, 2009. http://www-935.ibm.com/services/us/gbs/bus/pdf/getting-smart-about-your-workforce_wp_final.pdf.
8. Ibid.
9. "Differences in Employee Turnover Across Key Industries," Executive Brief, Society for Human Resource Management, December 2011. https://www.shrm.org/Research/benchmarks/Documents/Assessing%20Employee%20Turnover_FINAL.pdf.
10. Shami, N. S., et al., "Understanding Employee Social Media Chatter with Enterprise Social Pulse," Proceedings of the ACM Conference on Computer Supported Cooperative Work Companion, 2014. http://dl.acm.org/citation.cfm?id=2531650.
11. Schroeck, M., et al., "Analytics: The Real-World Use of Big Data · How Innovative Enterprises Extract Value from Uncertain Data," IBM Institute for Business Value, 2012. http://www-03.ibm.com/systems/hu/resources/the_real_word_use_of_big_data.pdf.
12. Balboni, F., et al., "Analytics: A Blueprint for Value · Converting Big Data and Analytics Insights into Results," IBM Institute for Business Value, 2013. http://public.dhe.ibm.com/common/ssi/ecm/en/gbe03575usen/GBE03575USEN.PDF.

3章

1. "Supply Chain Operations Reference (SCOR・) model Overview・Version 10.0," Supply Chain Council, 2010. https://supply-chain.org/f/SCOR-Overview-Web.pdf.
2. Yashchin, E., "Some Aspects of the Theory of Statistical Control Schemes," IBM Journal of Research and Development, Volume 31, Number 2, March 1987.
3. Hawkins, D. M., and Olwell, D., "Cumulative Sum Charts and Charting for Quality Improvement," Springer, New York, 1998. http://www.google.com/url?sa=t&rct=j&q=&esrc=s&source=web&cd=2&ved=0CDAQFjAB&url=http%3A%2F%2Fwww.springer.com%2FproductFlyer_978-0-387-98365-3.pdf%3FSGWID%3D0-0-1297-1515130-0&ei=rfn7UqjBMKvJsQSxpIKgBQ&usg=AFQjCNGEyyh5Q0A7BTxPH4_e3v6yOA9WNA&sig2=pEP77olehyUHW6USxfE8dA&bvm=bv.61190604,d.dmQ.
4. Schroeck, M., et al., "Analytics: The Real-World Use of Big Data: How Innovative Enterprises Extract Value from Uncertain Data," IBM Institute for Business Value, 2012. http://www-03.ibm.com/systems/hu/resources/the_real_word_use_of_big_data.pdf.
5. Statistical Quality Control Handbook (1st ed.), Western Electric Company,Indianapolis, 1956. http://www.worldcat.org/title/statistical-qualitycontrol-handbook/oclc/33858387.
6. "Our 24th Annual Ranking," Information Week, September 17, 2012.
7. Ettl, M., and Kapuscinski, R., "Modeling Price Protection Contracts to Improve Distribution Channel Performance in IBM's Extended Server Supply Chain," Proceedings of the M&SOM Supply Chain Management Conference: Pushing the Frontier・Research Collaborations Between Industry and Academia, Informs, June 2009.
8. Schroeck, M., et al., "Analytics: The Real-World Use of Big Data."
9. Abe, N., et al., "Optimizing Debt Collections Using Constrained Reinforcement Learning," Proceedings of the Sixteenth ACM SIGKDD International Conference on Knowledge Discovery and Data Mining,

参考文献

July 2010. http://www.prem-melville.com/publications/constrainedreinforcement-learning-kdd2010.pdf.
10. Schroeck, M., et al., "Analytics: The Real-World Use of Big Data."
11. Chapman, P., et al., "CRISP-DM 1.0: Step-by-Step Data Mining Guide," SPSS, Inc., 2000.
12. Balboni, F., et al., "Analytics: A Blueprint for Value・Converting Big Data and Analytics Insights into Results," IBM Institute of Business Value, 2013. http://public.dhe.ibm.com/common/ssi/ecm/en/gbe03575usen/GBE03575USEN.PDF.

4章

1. Balboni, F., et al., "Analytics: A Blueprint for Value・Converting Big Data and Analytics Insights into Results," IBM Institute for Business Value, 2013. http://public.dhe.ibm.com/common/ssi/ecm/en/gbe03575usen/GBE03575USEN.PDF.
2. Ibid., p. 19.
3. Kapoor, S., et al., "Enterprise Transformation: An Analytics-Based Approach to Strategic Planning," IBM Journal of Research and Development, Volume 56, Number 6, November/December 2012. http://ieeexplore.ieee.org/stamp/stamp.jsp?tp=&arnumber=6353948&isnumber=6353928.
4. Balboni, F., et al., "Analytics: A Blueprint for Value."

5章

1. "The Essential CIO: Insights from the Global Chief Information Officer Study," IBM Institute for Business Value, 2011. http://www-935.ibm."com/services/c-suite/series-download.html.
2. Ibid.

3. "The Customer-Activated Enterprise: Insights from the Global C-Suite Study," IBM Institute for Business Value, 2013. http://www-935.ibm.com/services/us/en/c-suite/csuitestudy2013/.
4. Bogoleska, J., et al., "Classifying Server Behavior and Predicting Impact of Modernization Actions." The 9th International Conference on Network and Service Management, 2013. http://www.cnsm-conf.org/2013/documents/papers/CNSM/p59-bogojeska.pdf.
5. Balboni, F., et al., "Analytics: A Blueprint for Value · Converting Big Data and Analytics Insights into Results," IBM Institute for Business Value, 2013. http://public.dhe.ibm.com/common/ssi/ecm/en/gbe03575usen/GBE03575USEN.PDF.
6. Schroeck, M., et al., "Analytics: The Real-World Use of Big Data: How Innovative Enterprises Extract Value from Uncertain Data," IBM Institute for Business Value, 2012. http://www-03.ibm.com/systems/hu/resources/the_real_word_use_of_big_data.pdf.
7. Balboni, F., et al., "Analytics: A Blueprint for Value."
8. Guy, I., et al., "Best Faces Forward: A Large-Scale Study of People Search in the Enterprise," Proceedings of the SIGCHI Conference on Human Factors in Computing Systems, 2012. http://dl.acm.org/citation.cfm?id=2208310.
9. Ferrucci, D., et al., "Building Watson: An Overview of the DeepQA Project," AI Magazine, Volume 31, Number 3, Fall 2010. http://www.aaai.org/ojs/index.php/aimagazine/article/view/2303.
10. Schroeck, M., et al., "Analytics: The Real-World Use of Big Data."
11. Balboni, F., et al., "Analytics: A Blueprint for Value."
12. Ferrucci, D., et al., "Building Watson."
13. Schroeck, M., et al., "Analytics: The Real-World Use of Big Data."
14. Balboni, F., et al., "Analytics: A Blueprint for Value."
15. Ibid.
16. Ban, L., and Marshall, A. "Connect More: Intersecting Insights from the IBM CEO, CMO and CIO Studies," IBM Institute for Business Value, 2013. http://public.dhe.ibm.com/common/ssi/ecm/en/gbe03549usen/

参考文献

GBE03549USEN.PDF.
17. Moore, G., "Systems of Engagement and the Future of Enterprise IT·A Sea Change in Enterprise IT," AIIM, 2011. http://www.google.com/url?sa=t&rct=j&q=&esrc=s&source=web&cd=1&cad=rja&ved=0CDQQFjAA&url=http%3A%2F%2Fwww.aiim.org%2F~%2Fmedia%2FFiles%2FAIIM%2520White%2520Papers%2FSystems-of-Engagement.pdf&ei=sPL0Uu6zGcXY0gGFzoCYDQ&usg=AFQjCNFSo9Ne5zPwcdPEYQsaceW6g5JnBg&sig2=bI-sNdgSnumdHzstwxh6PA&bvm=bv.60799247,d.cWc.
18. Wallace, M., "Maximize the Value of Your Systems of Engagement," IBM Corporation. http://www.ibm.com/engage.
19. Balboni, F., et al., "Analytics: A Blueprint for Value."
20. Yarter, L. C., "Private Cloud Delivery Model for Supplying Centralized Analytics Services," IBM Journal of Research and Development, Volume 56, Number 6, November/December 2012. http://ieeexplore.ieee.org/xpl/articleDetails.jsp?arnumber=6353964.
21. Balboni, F., et al., "Analytics: A Blueprint for Value."
22. Ibid.

6章

1. "The State of Marketing 2013, IBM's Global Survey of Marketers," IBM, 2013. http://www-01.ibm.com/software/marketing-solutions/campaigns/surveys/2013-marketers-survey.html.
2. "IBM's Ginni Rometty Looks Ahead," CNN Money, September 2012. http://management.fortune.cnn.com/2012/09/20/powerful-women-rometty-ibm/.
3. "Transcript: IBM's Ginni Rometty on Leadership," CNN Money, October 2012. http://management.fortune.cnn.com/2012/10/02/transcript-ibms-ginni-rometty-on-leadership/.
4. "Big Data: CMO Set to Outspend CIO on Data-Crunching Technology," Marketing, August 2012. http://www.marketingmag.com.au/news/big-data-cmo-set-to-outspend-cio-on-data-crunchingtechnology-17274/#.

UsNfL3dcVb2.
5. "IBM's Ginni Rometty Looks Ahead."
6. "Trend Report: CMOs and CIOs Will End 2013 as Either Friend or 'Frenemy,'" Marketing, January 2013. http://www.marketingmag.com.au/news/trend-report-cmos-and-cios-will-end-2013-as-eitherfriend-or-frenemy-33922/#.UsNhJndcVb2.
7. Ibid.
8. "The Customer-Activated Enterprise · Insights from the C-Suite Global Study," IBM Institute for Business Value, 2013. http://www-01.ibm.com/common/ssi/cgi-bin/ssialias?subtype=XB&infotype=PM&appname=GBSE_GB_TI_USEN&htmlfid=GBE03572USEN&attachment=GBE03572USEN.PDF.
9. Davenport, T. H., and Patil, D. J., "Data Scientist: The Sexiest Job of the 21st Century," Harvard Business Review, October 2012. http://hbr.org/2012/10/data-scientist-the-sexiest-job-of-the-21st-century/.
10. Kehrer, D., "Analysis Shows Jump in Marketing Analytics Jobs," Forbes Insight, August 2013. http://www.forbes.com/sites/forbesinsights/2013/08/02/analysis-shows-jump-in-marketing-analytics-jobs/.
11. BtoBs 2013 Best. http://edit.btobonline.com/section/best2013.
12. Maddox, K., "BtoB's Best Marketers · Ben Edwards, IBM Corp. VPGlobal Communications and Digital Marketing," Advertising Age,October 2013. http://adage.com/article/btob/btob-s-marketersben-edwards-ibm-corp/290418/.
13. "IBM Seeing Internal Payoffs from Marketing Automation with Unica Integration," The Future of Digital Engagement, May 2011. http://www.demandgenreport.com/industry-topics/revenue-strategies/1580-ibmseeing-internal-payoffs-from-marketing-automation-with-unicaintegration-.html#.UsB01HdcVb0.
14. Manganaris, S., et al., "Analyzing Causal Effects with Observational Studies for Evidence-Based Marketing at IBM," The Berkeley Electronic Press, Volume 8, 2010.

15. Ibid.
16. Ibid.

7章

1. Palmisano, S. J., "The Globally Integrated Enterprise," Foreign Affairs,May/June 2006. http://www.foreignaffairs.com/articles/61713/samuelj-palmisano/the-globally-integrated-enterprise.
2. George, B., "How IBM's Sam Palmisano Redefined the Global Corporation," Bloomberg, January 20, 2012. http://www.bloomberg.com/news/2012-01-20/how-ibm-s-sam-palmisano-redefined-theglobal-corporation.html.
3. Balboni, F., et al., "Analytics: A Blueprint for Value・Converting Big Data and Analytics into Results," IBM Institute for Business Value, November 2013. http://public.dhe.ibm.com/common/ssi/ecm/en/gbe03575usen/GBE03575USEN.PDF.

8章

1. "IBM CEO Palmisano, N.Y. Gov. Pataki Unveil IBM 300mm Chip Facility," IBM News Room・News Releases, July 2002. http://www-03.ibm.com/press/us/en/pressrelease/584.wss.
2. "IBM Power7 300mm wafer," IBM News Room・Image Gallery,February 2010. http://www-03.ibm.com/press/us/en/photo/29338.wss.
3. "IBM CEO Palmisano, N.Y. Gov. Pataki Unveil IBM 300mm Chip Facility."
4. Van Zant, P., Microchip Fabrication, 5th edition, McGraw-Hill Professional, May 2004.
5. Fordyce, K., Bixby, R., and Burda, R., "Technology That Upsets the Social Order・A Paradigm Shift in Assigning Lots to Tools in a Wafer

Fabricator・The Transition from Rules to Optimization," Proceedings of the 2008 Winter Simulation Conference. http://www.informs-sim.org/wsc08papers/284.pdf.
6. Buecker, A., et al., "Optimization and Decision Support Design Guide・Using IBM ILOG Optimization Decision Manager," IBM Redbook, October 2012. http://www.redbooks.ibm.com/redbooks/pdfs/sg248017.pdf.
7. Peters, S., "ILOG Signs Agreement with IBM for Semiconductor Solutions," December 19, 2006. https://ajax.sys-con.com/node/315895/mobile.
8. Mayhew-Smith, A., "IBM Agrees to Demo ILOG Fab Software at Fishkill," ElectronicsWeekly.com, December 19, 2006. http://www.electronicsweekly.com/news/research/process-rd/ibm-agrees-todemo-ilog-fab-software-at-fishkill-2006-12/.
9. "Semiconductor International Announces 2005 Top Fab of the Year Award Winner," PR Newswire, December 1, 2005. http://www.prnewswire.com/news-releases/semiconductor-international-announces-2005-top-fab-of-the-year-award-winner-55140227.html.
10. Ibid.
11. Weiss, S. M., et al., "Rule-Based Data Mining for Yield Improvement in Semiconductor Manufacturing," Applied Intelligence, Volume 33, 2010. http://rd.springer.com/article/10.1007%2Fs10489-009-0168-9#page-1.
12. Schroeck, M., et al., "Analytics: The Real-World Use of Big Data・How Innovative Enterprises Extract Value from Uncertain Data," IBM Institute for Business Value, October 2012. http://www-03.ibm.com/systems/hu/resources/the_real_word_use_of_big_data.pdf.
13. Weiss, S. M., et al., "Rule-Based Data Mining for Yield Improvement in Semiconductor Manufacturing."
14. Sanford, L., "The Road to a Smarter Enterprise: Six Principles to Consider," FWSIM CIO Executive Leadership Summit, October 25, 2010.
15. Bagchi, S., et al., "Data Analytics and Stochastic Modeling in a Semiconductor Fab," Applied Stochastic Models in Business and

Industry, Volume 26, Issue 1, January 2010. http://dl.acm.org/citation.cfm?id=1753052.
16. Palmisano, S., "The Globally Integrated Enterprise," Foreign Affairs,May/June 2006. http://www.foreignaffairs.com/articles/61713/samuelj-palmisano/the-globally-integrated-enterprise.
17. Balboni, F., et al., "Analytics: A Blueprint for Value · Converting Big Data and Analytics into Results," IBM Institute for Business Value,November 2013. http://public.dhe.ibm.com/common/ssi/ecm/en/gbe03575usen/GBE03575USEN.PDF.

9章

1. "Driving Sales Transformation: Empowering Reps to Sell to Empowered Customers," Corporate Executive Board, December 10, 2013.
2. Lawrence, R., et al., "Operations Research Improves Sales Force Productivity at IBM," Interfaces, Volume 40, Number 1, 2010.
3. Ibid.
4. Ibid.
5. Ibid.
6. Sanford, L., "The Road to a Smarter Enterprise: Six Principles to Consider," FWSIM CIO Executive Leadership Summit, October 25, 2010. http://www.google.com/url?sa=t&rct=j&q=&esrc=s&source=web&cd=4&ved=0CEcQFjAD&url=http%3A%2F%2Fwww.hmgstrategy.com%2Fassets%2Fimx%2FPDF%2Fsanford%2520CIO%2520Summit10.25.10_final.ppt&ei=lUbHUtWkHbOgsATSpoHQDQ&usg=AFQjCNFcLStQJQK3mkUAvLV44PUtQ20FSQ&sig2=Ynt-THFokktIuNvF744j5w&bvm=bv.58187178,d.cWc&cad=rja.
7. Balboni, F., et al., "Analytics: A Blueprint for Value · Converting Big Data and Analytics into Results," IBM Institute for Business Value,November 2013. http://public.dhe.ibm.com/common/ssi/ecm/en/gbe03575usen/GBE03575USEN.PDF.

8. Zoltners, A. A., Sinha, P. K., and Lorimer, S. E., "The Growing Power of Inside Sales," HBR Blog Network, July 29, 2013, http://blogs.hbr.org/2013/07/the-growing-power-of-inside-sa/.
9. Ibid.
10. LaValle, S., et al., "Analytics: The New Path to Value・How the Smartest Organizations Are Embedding Analytics to Transform Insights into Action," IBM Institute for Business Value, 2010.http://public.dhe.ibm.com/common/ssi/ecm/en/gbe03371usen/GBE03371USEN.PDF.
11. The SCIP team on this project included Josh E. Luber, Stefan R. Cohen, and Ari Papir. The services the team provides internally are similar to the ones that IBM clients hire from Global Business Services.

10章

1. "2013 Annual Report," Report of Financials, IBM Corporation. http://www.ibm.com/annualreport/2013/bin/assets/2013_ibm_financials.pdf.
2. Ibid.
3. Ibid.
4. Zouzias, A., Vlachos, M., and Freris, N., "Unsupervised Sparse Matrix Co-clustering for Marketing and Sales Intelligence," Proceedings of the 16th Pacific-Asia Conference on Advances in Knowledge Discovery and Data Mining, 2012. http://dl.acm.org/citation.cfm?id=2342644&CFID=281742076&CFTOKEN=43089809.
5. Schroeck, M., et al., "Analytics: The Real-World Use of Big Data・How Innovative Enterprises Extract Value from Uncertain Data," IBM Institute for Business Value, October 2012. http://www-03.ibm.com/systems/hu/resources/the_real_word_use_of_big_data.pdf.
6. Williams, R., "Strategic Work Force Planning: Best Practices from IBM Global Services," APQC, 2010.
7. Asaf, S., et al., "Applying Constraint Programming to Identification and

Assignment of Service Professionals," Lecture Notes in Computer Science, Volume 6308, 2010. http://link.springer.com/chapter/10.1007%2F978-3-642-15396-9_5#page-1.
8. "2008 Optimas Awards Winners," Workforce, 2008. http://www.workforce.com/articles/2008-i-optimas-awards-i-winners.
9. Sanford, L., "The Road to a Smarter Enterprise: Six Principles to Consider," FWSIM CIO Executive Leadership Summit, October 25,2010.
10. Ratakonda, K., et al., "Identifying Trouble Patterns in Complex IT Services Engagements," IBM Journal of Research and Development, Volume 54, Number 2, March/April 2010. http://ieeexplore.ieee.org/xpl/login.jsp?tp=&arnumber=5438939&url=http%3A%2F%2Fieeexplore.ieee.o rg%2Fiel5%2F5288520%2F5438932%2F05438939.pdf%3Farnumber%3D5438939.
11. Balboni, F., et al., "Analytics: A Blueprint for Value · Converting Big Data and Analytics Insights into Results," IBM Institute for Business Value, November 2013. http://public.dhe.ibm.com/common/ssi/ecm/en/gbe03575usen/GBE03575USEN.PDF.

11章

1. "2013 Annual Report, Chairman's Letter," IBM Corporation. http://www.ibm.com/annualreport/2013/chairmans-letter.html.
2. Apache UIMA, http://uima.apache.org.
3. Kelly, J. E., and Hamm, S. Smart Machines: IBM's Watson and the Era of Cognitive Computing, Columbia Business School Publishing, 2013. http://cup.columbia.edu/static/cognitive.

謝辞

IBMがアナリティクスを活用して、いかにプロセスと結果を変革したかを詳細に語る本書は、多くの人々の時間、才能、協力なしには生まれなかった。その一部は本文で名前を引用するか、参考文献に記してあるが、それ以外にも多数の人々に協力いただいた。熱意を持ってエグゼクティブの立場から当プロジェクトを支援してくれたRoss MauriとDoug Dowに感謝したい。また、我々はエグゼクティブや社内の専門家など70人以上にインタビューを行い、スタッフ、広報専門家、編集者、その他多くのチームメンバーの協力を得て取り組みを進めた。自らの物語を語り、本書に貢献してくれた下記の方々に感謝したい。

はじめに：Linda Sanford、Tim Ensign
第1章：Doug Dow、Jeff Jonas、Ross Mauri
第 2 章：Murray Campbell、Rafi Ezry、Jonathan Ferrar、Werner Geyer、Vlad Gogish、Rudy Karsan、Zahir Ladhani、Stela Lupushor、Randy MacDonald、Sadat Shami
第3章：Naoki Abe、Steve Bayline、Mila Davidzenda、Markus Ettl、Mark Evancho、Donnie Haye、Renee Hook、Pat Knight、Rahul Nahar、Fran O'Sullivan、John Wargo、Emmanuel Yashchin、Paul Zulpa
第 4 章：Mike Billmeier、Peter Hayes、Carlos Passi、Paul Price、Christian Toft-Nielsen、Natalia Ruderman
第 5 章：James Correa、Suzy Deffeyes、Matthew Ganis、Jeanette Horan、Francoise Legoues、George Stark、Marie Wallace、Sara Weber

謝辞

第 6 章：Melody Dunn、Ben Edwards、Stefanos Manganaris、Stephen Scott、Chris Wong
第 7 章：Jean Francois Abramatic、Nick Kadochnikov
第 8 章：Mark Allman、Robert Baseman、Soumyadip Ghosh、Pierre Haren、Perry Hartswick、Jean Francois Puget、Peter Rimshnick、Harley Witt
第 9 章：David Bush、Matt Callahan、Martin Fleming、Nicholas Otto、Stephen Piper、Kylie Skeahan、Patricia Spugoni
第 10 章：Cesar Berrospi、Jack Bisceglia、Odellia Boni、Greg Dillon、Daniel D'Elena、Sherif Goma、Joe Haugsland、Abdel Labbi、Sergey Makogon、Gregory Westerwick、James Williams

　上記に加え、Jonathan Correnti、Patrick Gibney、Mark Harris、Ruth Manners がレビューの過程でストーリーを良くする助言をくれた。また、Greg Golden は本書の執筆を始めるにあたり、貴重な助言と支援を提供してくれた。そして IBM Press の Steven Stansel と Ellice Uffer にも、はじめからの励ましと継続的な支援に深謝したい。Pearson Education の Mary Beth Ray ほか多くの人々には、本書のブラッシュアップと脱稿で大変にお世話になった。そして各章を何度も読み返し、有益なフィードバックを寄せてくれた Doug Dow にお礼を述べたい。また我々執筆者はそれぞれの家族にも感謝している。本書の執筆には、いくつもの夜、週末、祝日、休暇を費やすことになった。Brenda は、Peter、Joshua、Monica、Ingrid、Irwin が、執筆を中断しないよう配慮しサポートしてくれたことに感謝している。Emily は、夫 Tony によるサポートと、本書に対する強い関心、そしてある章に関する詳細かつ建設的な意見に心に銘記している。Maureen は夫の Bill と、Erin、Colleen、William という 3 人の子供たちから受けた本書に関するひらめきと熱烈なサポートを心の中に大切に刻みこんでいる。我々執筆者は、あれほど多くの本の著者が謝辞の中で家族にわびている理由を、今になって理解できた。

執筆者について

　Brenda L. Dietrich 博士は、IBM Fellow 兼 Vice President である。1984 年に IBM に入社して以来、一貫して現在アナリティクスと呼ばれる分野に従事してきた。入社当時は数学モデルを応用して IBM の製造ラインのパフォーマンス向上を図る仕事に取り組んでいた。そのキャリアを通じて、IBM のほぼすべての事業部門と仕事をともにし、IBM の数多くの意思決定プロセスにアナリティクスを適用してきた。10 年以上にわたり IBM 基礎研究所の数理科学分野を率いて、計算機数学の基礎研究と、IBM および顧客に向けた斬新な数学アプリケーション開発の責任者を務めてきた。IBM 内での仕事に加え、オペレーションズリサーチおよびマネジメントサイエンス分野の世界最大の学術学会である INFORMS の会長を務めた他、INFORMS Fellow であり、INFORMS から複数の功労賞を受けている。また SIAM の評議員と、いくつかの大学での諮問委員も務めてきた。さらに、全米技術アカデミー会員でもある。取得した特許は 10 数件に及び、数々の著書を共著で出版し、国際会議ではアナリティクスに関して数多く講演している。ノースカロライナ大学で数学の学士号、コーネル大学でオペレーションズリサーチと情報工学の修士号および博士号を取得。個人としての研究テーマは、製造スケジューリング、サービスリソースマネジメント、輸送ロジスティクス、整数計画法、組み合わせ双対性など。現在は IBM Watson グループで新興テクノロジーチームの責任者を務めている。

　Emily C. Plachy 博士は、Business Analytics Transformation の Distinguished Engineer（DE）で、IBM 全社におけるアナリティクスの利用拡

大を率いている。そのキャリアのあらゆる局面でアナリティクスを業務に組み入れてきた。1982 年に IBM に入社して以来、技術リーダーシップ職を歴任。IBM Global Business Services（GBS）のプロセス、手法、ツール担当の最高技術責任者（CTO）として、アーキテクチャーとテクノロジーを統率するとともに、GBS における一貫した手法とツールの採用を推進してきた。また、GBSの Enterprise Integration の CTO としてアーキテクチャーとテクノロジーを統率してきた。

その他、開発、先進テクノロジー、研究、新興市場ビジネス機会、テクニカル・セールス、サービスなど、IBM 内で様々な役職を歴任してきた。彼女の技術スキルは、データ統合、エンタープライズ統合、ソリューションアーキテクチャー、ソフトウエア開発、資産再利用などを含む。銀行、消費財、小売り、通信、医療、石油など、複数の業界における顧客とのビジネス経験を積んできた。ワシントン大学（セントルイス校）で応用数学の学士号、ウォータールー大学でコンピュータサイエンスの修士号、ワシントン大学でコンピュータサイエンスの博士号を取得。1992 年に、IBM の技術分野のトップリーダー約 1000人で構成される IBM アカデミーの会員に選ばれ、2009 年から 2011 年にかけては同アカデミーの会長を務めた。テクノロジー業界で活躍する女性の第一人者として、長年その名を知られている。女性エンジニアの団体である Women in Technology International の会員であり、INFORMS にも所属している。夫の Tony とともにニューヨーク在住。
Twitter アカウントは @eplachy、LinkedIn は http://www.linkedin.com/pub/emily-plachy/3/lbb/777

Maureen Fitzgerald Norton、MBA、法学博士 は Distinguished Market Intelligence Professional のタイトルを持ち、Business Analytics Transformation 担当の Executive Program Manager である。IBM 全社におけるアナリティクスの幅広い活用を推進する責務を担っている。成果に重点を置いた広報戦略策定の先駆者としてアナリティクス採用に必要な文化変革を推進。また、アナリティクス教育のため、ケーススタディーと斬新な練習問題を作成した。アナリティクスの革新的なワークショップを共同開発し、欧州と中東で MBA 課程の学生に講義を行った。過去にはアナリティクスプロジェクトの費用対効果分析と ROI の専門家として、治安、全世界の社会福祉、商業、マーチャンダイジ

ングの分野で IBM Smarter Planet の取り組みにアナリティクスを応用するプロジェクト・チームを統率した。アナリティクスによってビジネス課題や知識のギャップを解決する革新的なアプローチを生み出した功績により、IBM の女性社員として初めて Distinguished Market Intelligence Professional に任命された。IBM 社内で数々のアナリティクスおよびマネジメント職を歴任してきた。ニューヘーブン大学で学士号と MBA、コネティカット大学法科大学院で法学博士号を取得。弁護士資格を持ち、学位論文のテーマは人工知能の法的意味について。夫の William Norton 博士と、Erin、Colleen、William の 3 人の子供とともにコネティカットに在住。米国とアイルランドの二重国籍。著書は本書「Analytics Across the Enterprise」の他に、「The Benefits of Social Media Analytics 2013」（IBM Academy of Technology との共著）、「Social Media Analytics: Measuring Value Across Enterprises and Industries」（Journal of Management Systems 掲載）など。
Twitter アカウントは @mfnorton、LinkedIn は http://www.linkedin.com/in/maureennorton/

訳者紹介

日本アイ・ビー・エム株式会社 グローバル・ビジネス・サービス事業本部（GBS）ストラテジー＆アナリティクス（S&A）
IBMのストラテジー＆アナリティクス・チームは、これまで独立して存在していた戦略コンサルティング部門とビッグデータ＆アナリティクス部門を2014年2月に統合して生まれた専門組織。組織のメンバーは、戦略転換と企業変革を現実化する戦略コンサルタント、最先端のアナリティクスによって洞察を導くデータサイエンティスト、アナリティクスを支えるデータ基盤を構築するイノベーティブアーキテクトから構成される。これらの3種類のプロフェッショナルが協働しお客様を成功に導く。

◆監訳者
山田 敦（やまだ あつし）
S&A、先進的アナリティクス＆オプティマイゼーション部門リーダー、アソシエート・パートナー、工学博士。本人がリードする部門はIBM基礎研究所出身者や博士号取得者も豊富にいる、データサイエンティスト集団。本人はこれまで、製造業、通信業、流通業のお客様を中心に、アナリティクスのプロジェクトを多数リード。

◆訳者
島田 真由巳（しまだ まゆみ）
S&A、カスタマー・アナリティクス部門所属、シニア・マネージング・コンサルタント。2001年より製造業、流通業のお客様のCRM戦略立案、営業改革、業務プロセス改善等、戦略策定から設計、実装、定着化までの営業領域のコンサルティングプロジェクトに従事。

米沢 隆（よねざわ たかし）

S&A、先進的アナリティクス＆オプティマイゼーション部門所属、コンサルティング IT スペシャリスト、日本オペレーションズ・リサーチ学会理事、サプライチェーン戦略研究部会主査。サプライチェーン・マネジメントの領域を中心に多数の最適化プロジェクトに従事。

前田 英志（まえだ ひでし）

S&A、技術戦略コンサルティング部門所属、シニア・マネージング・コンサルタント、IBM Academy of Technology メンバー、機械工学修士、経営学修士。専門は、事業戦略およびビジネスアナリティクス。コンビニエンス事業の事業戦略策定、レストラン事業の全社データプラットフォーム変革、MRO 製造業のマーケティングモデル構築、電気機器製造業のグローバル販売改革、不動産賃貸事業の家賃最適化等でプロジェクト・マネジャーとしてビジネス価値を実現。

高木 將人（たかぎ まさと）

S&A、経理財務改革・リスクコンサルティング部門所属、シニア・マネージング・コンサルタント、公認内部監査人、公認情報システム監査人。主に製造業を中心に経理業務改革やシステム導入の構想策定、内部統制・不正対応のコンサルティングに従事。

岡部 武（おかべ たけし）

S&A、経理財務改革・リスクコンサルティング部門所属、シニア・マネージング・コンサルタント、米国公認会計士。主にグローバルをターゲットとした経理財務業務改革プロジェクトを担当。構想策定からシステム構築、グローバル展開支援まで、End to End のクライアントサポートに多数従事。

池上 美和子（いけがみ みわこ）

S&A、経理財務改革・リスクコンサルティング部門所属、シニア・コンサルタント。主に製造業を中心に経理業務改革や内部統制対応のコンサルティングに従事。グローバルプロジェクトの経験も多数。

IBMを強くした「アナリティクス」
ビッグデータ31の実践例

2014年10月20日　第1版第1刷発行	
著　　者	Brenda L. Dietrich、Emily C. Plachy、Maureen F. Norton
監　　訳	山田 敦
訳　　者	島田 真由巳、米沢 隆、前田 英志、高木 將人、岡部 武、池上 美和子
発 行 人	廣松 隆志
発行/発売	日経BP社／日経BPマーケティング 〒108-8646 東京都港区白金1-17-3
	カバーデザイン　葉波 高人（ハナデザイン） デザイン・制作　ハナデザイン 印刷・製本　図書印刷

ISBN978-4-8222-6887-9
Printed in Japan

●本書の無断複写・複製（コピー等）は著作権法上の例外を除き、禁じられています。購入者以外の第三者による電子データ化及び電子書籍化は、私的使用を含め一切認められておりません。